Unter diesem QR-Code finden Sie das umfangreiche Literaturverzeichnis zu diesem Buch sowie den Fragebogen von Seite 78 zum Downloaden.

Folgen Sie uns für mehr Infos zu unseren Hundebüchern auf:

www.instagram.com/muellerrueschlikon.hund

www.facebook.com/muellerrueschlikonverlag

Julia Reich | Udo Gansloßer

Immer unter Strom

Müller Rüschlikon

Einbandgestaltung: R2 I Ravenstein, Verden

Titelfoto: Lena Schwarz
Bildnachweis: Die Aufnahmen stammen aus dem Archiv von Julia Reich, wenn nicht anders am Bild vermerkt.

ISBN 978-3-275-02358-5

Postfach 103743, 70032 Stuttgart
Ein Unternehmen der Paul Pietsch Verlage GmbH & Co. KG

1. Auflage 2025

Sie finden uns im Internet unter www.mueller-rueschlikon-verlag.de

Gesamtleitung: Claudia König
Innengestaltung: Kerstin Diacont
Druck und Bindung: Graspo CZ, 76302 Zlin
Printed in Czech Republic

Foto: Stephan Klement

VORWORT

Vorab zur Warnung

Dies ist kein Trainingsbuch und es kann eine fachkompetente Beratung und Unterstützung nicht ersetzen, auch wenn wir zwischendurch einige Vorschläge zum Umgang mit scheinbar oder wirklich hyperaktiven Hunden einbringen. Diese sollen mehr als Anregung dienen und zum Verständnis dessen beitragen, was wir sonst eher zu trocken erzählen würden.
In den letzten Jahrzehnten hat sich bei uns im nordwestlichen und nördlichen Mitteleuropa das Verhältnis von Menschen zu Hunden stark verändert. Waren sie früher entweder Nutztiere (Jagd, Hüten, Diensthunde …) oder eben einfach »dabei«, so werden sie mehr und mehr zu echten Familienmitgliedern.

Dadurch hat sich auch das Verständnis ihrer Eigenschaften völlig verändert. In fachlicher Hinsicht zeigt sich das beispielsweise in einer Anwendung der Bindungstheorie, die aus der Eltern-Kind-Forschung des Menschen stammt. Zugleich aber kommt es auch emotional zu einer geänderten Einstellung, und das ist Segen und Fluch zugleich (siehe Gansloßer & Kitchenham 2024): Die Vermenschlichung der Hunde ist zwar weder ein neuartiges Zivilisationskonstrukt, noch prinzipiell negativ zu sehen – ohne sie könnten Hunde ihre unterstützende Wirkung auf unsere Psyche auch kaum erfüllen. Aber sie kann eben auch dazu führen, dass Hunden nicht nur menschliche Eigenschaften, sondern auch menschliche Krankheiten unreflektiert unterstellt werden.

Vielfach ist es eben bequem, wenn man einem unerzogenen Hund Hochbegabung, Hochsensibilität, Deprivationstraumata oder eben auch ADHS unterstellt. Dann ist Mensch nicht mehr an dessen mangelnder Gesellschaftstauglichkeit schuld. Es soll auch Eltern geben, die solche Argumente bei unerzogenen und nicht gesellschaftsfähigen Kindern äußern …

Andererseits werden Hunde durchaus in vielen Bereichen auch der Psychiatrie und Psychologie als echte Modelltiere für menschliche Phänomene genutzt. Das bedeutet, dass die Symptome einer Erscheinung, zum Beispiel Hyperaktivität, nicht nur äußerlich denen beim Menschen ähneln, sondern auch innerlich, da sie durch Hormone, neuronale Strukturen und sogar genetisch vergleichbare Ursachen gesteuert werden.

In unserer Beratung im Hundebereich werden wir regelmäßig mit beiden Enden dieses Spektrums an Möglichkeiten konfrontiert. Einerseits finden sich oft in unseren allgemeinen Fallbeschreibungen die Angaben »hyperaktiv« oder »kann sich nicht konzentrieren«. Wenn wir

dann den speziellen ADHS-Fragebogen (s. S. 78ff.) hinterherschicken, erweisen sich die Punktwerte dann aber durchaus als im Normbereich eines pubertierenden Rüden einer Workaholic-Rasse liegend.

Aber es gibt eben, sowohl in unseren Fällen als auch in der wissenschaftlichen Literatur, echte Fälle von ADHS-ähnlicher Symptomatik.

Ein korrektes wissenschaftliches Verständnis eines Phänomens baut immer auf mehreren Schritten auf: Zunächst die möglichst neutrale, wenig Interpretation angereicherte Beschreibung. Sodann die Suche nach Ursachen. In den Lebenswissenschaften gehören dazu einerseits die als proximat bezeichnete Suche nach inneren Mechanismen (Hormone, Botenstoffe, Nerven- und Sinnesorgane), andererseits die Suche nach der individualgeschichtlichen Entwicklung (Ontogenese).

Die sogenannten ultimativen Ursachen, also Evolutionsgeschichte und evolutive Bedeutung, werden wir hier mangels ausführlicher Studien kaum berühren.

Ein Buch wie dieses ist immer ein Teamprojekt, deshalb gibt es auch viel zu bedanken: Zunächst danken wir uns gegenseitig, ohne unsere verschiedenen Blickwinkel und Erfahrungen könnten wir den Blick darauf nicht wagen.

Dann denjenigen, die uns Fallberichte, Fotos und Infoboxen beigesteuert haben: Unserem Schreib- und Rechercheteam, vor allem Kristin Meßelhäuser, Corinna Seidel und Melanie Stummvoll, unserer gesamten Mammalia AG und dem assoziierten Netzwerk von Hundeleuten sowie letztlich unserer Lektorin Claudia König beim Verlag.

In einem englischsprachigen Statistik-Lehrbuch steht sinngemäß: Wenn Sie am Ende dieses Buches mehr Fragen haben als vor dem Lesen, haben wir unser Ziel erreicht. Es sollten nur andere Fragen sein.

Udo Gansloßer Julia Reich

Forschung und Wissenschaft – wie das funktioniert

Im Folgenden werden wir vielfach wissenschaftliche Studien und Daten verwenden. Aus diesem Grund ist eine kurze Einführung in wissenschaftliche Begrifflichkeiten und Vorgehensweisen zum Verständnis unserer Aussagen wichtig. Für ausführlichere Angaben dazu verweisen wir auf die einschlägige wissenschaftstheoretische Literatur, zusammengefasst bei Gansloßer und Mertes (im Druck, 2026). Auch bei Gansloßer und Kitchenham (2012) finden sich einschlägige Aussagen und weiterführende Literatur.

Forschung ist der Prozess, durch den Wissenschaft entsteht. Gute Forschung verschafft ein bewährtes System von Kenntnissen, welche auf international akzeptierte Prinzipien basieren. Gute Wissenschaft beruht nicht auf Folklore oder Anekdoten, sie basiert auf Beschaffung und kritischer Bewertung der Belege für Hypothesen. Und auf der Fähigkeit, sinnvolle und tragfähige Verallgemeinerungen zu tätigen. Dies kann sowohl durch systematische, auf vorher gefasste Hypothesen und Annahmen beruhende Datensammlungen, wie auch durch gezielte Beeinflussung von Umweltsituationen geschehen. Zur wissenschaftlichen Arbeit gehört nicht notwendigerweise ein Versuch, solange auf andere Art die Randbedingungen konstant gehalten werden und nur eine zu untersuchende Bedingung verändert wird.

Foto: Stephan Klement

Eine Theorie ist in einer wissenschaftlichen Untersuchung das höchste Gut. Sie ist ein in sich schlüssiges Gedankengebäude, das alle bisher bekannten Befunde und Beobachtungen möglichst widerspruchsfrei und ohne Zuhilfenahme von nicht belegbaren Zusatzannahmen erklären kann. Das, was im allgemeinen Sprachgebrauch oft »nur eine Theorie« genannt wird, ist meistens das, was wissenschaftstheoretisch als Hypothese bezeichnet wird. Und zwar als eben noch nicht getestete bzw. nicht testbare Hypothese! Insofern hat unser Dichterfürst Goethe leider mit seinen abfälligen Bemerkungen über die »graue Theorie und den grünen Baum des Lebens« der Wissenschaft insgesamt keinen guten Dienst erwiesen.

Das Sparsamkeitsprinzip, eben die Sache mit dem möglichst wenig unbelegbaren Hilfsannahmen, ist keineswegs gleichbedeutend damit, dass immer die einfachste Erklärung auch die richtige sein muss. Der berühmte Meisterdetektiv Sherlock Holmes (dessen Autor als Arzt ja auch eine wissenschaftliche Ausbildung hatte) zeigt das sehr deutlich: Wenn alle einfachen und zunächst in den Sinn kommenden Erklärungen zuverlässig ausgeschlossen werden können, muss eben zum Schluss auch die unwahrscheinlichste und komplizierteste Erklärung als einzig übrigbleibende angenommen werden.

Gerade im Bereich der Lernpsychologie, die beim Hundetraining leider immer noch sehr häufig auf einfachen Konditionierungsmechanismen beruht, sind solche Erkenntnisse angesichts neuerer Studien zum Beobachtungs- und Nachahmungslernen ausgesprochen wichtig.

Die zweite, ebenso wichtige Grundeigenschaft einer soliden wissenschaftlichen Arbeit, ist die – zumindest im Prinzip – immer notwendige Möglichkeit der Widerlegung, die als Falsifizierbarkeit bezeichnet wird. Dies gilt nicht notwendigerweise sofort auch für jede Theorie, aber die Hypothesen und anderen Beobachtungen, auf denen sie beruht, müssen sich diesem Realitätstest auf jeden Fall unterziehen lassen können.

In den empirischen Wissenschaften (zu denen die Lebenswissenschaften inklusive der naturwissenschaftlichen Psychologie gehören), ist eine weitere, oftmals im allgemeinen Sprachgebrauch missachtete Grundeigenschaft wichtig: Man kann Hypothesen bestätigen oder eben nicht bestätigen. Man kann aber die Nichtexistenz von irgendetwas weder empirisch belegen noch beweisen. Ohnehin wird der Beweisbegriff im allgemeinen Sprachgebrauch viel zu oft verwendet. Strenggenommen können nur Mathematik und theoretische Physik überhaupt irgendetwas beweisen, nämlich im Rahmen ihrer in sich geschlossenen Beweisführungen. Alles andere sind nur empirische Belege, die mit einer mehr oder weniger hohen Wahrscheinlichkeit ausgestattet sind. Die Lebenswissenschaften, wie beispielsweise Biologie oder naturwissenschaft-

liche Psychologie, sind ohnehin allein auf Wahrscheinlichkeiten basierend. Dies nicht zuletzt aufgrund der Tatsache, dass die natürliche Auslese und Selektion nur bei einer Population mit unterschiedlichen, variablen Eigenschaften funktionieren kann. Und nun kommt dann eben die Statistik, genauer gesagt die analysierende Statistik, notwendigerweise ins Rennen. Auch hier hat der allgemeine Sprachgebrauch, diesmal basierend auf Aussagen beispielsweise von Churchill oder Kennedy, falsche Vorstellungen verbreitet. Die Aussage, man solle nur einer Statistik glauben, die man selbst gefälscht habe, bezieht sich eigentlich nicht auf die Statistik, sondern auf die (hier eben gefälschten) zugrunde liegenden Zahlen (beispielsweise Meinungsumfragen etc.). Die Statistik ist daran vollkommen unschuldig. Wer die Statistik benutzt wie ein Betrunkener den Laternenpfahl (nämlich als Stütze statt zur Erleuchtung), hat das Wesen der Statistik – und damit der auf Häufigkeiten basierenden wissenschaftlichen Arbeit – generell nicht verstanden.

Vielmehr geht es bei analysierender Statistik darum abzuschätzen, in welchem Ausmaß ein vorliegendes, auf Zahlen beruhendes Ergebnis noch vom Zufall beeinflusst sein kann und in welchem Umfang eben wirklich der angenommene Zusammenhang für dieses Ergebnis verantwortlich ist. Traditionell geht man hier von einer Zufallsquote von maximal 5 % aus. Das bedeutet, wenn ein vorliegendes Ergebnis zu weniger als 5 % noch vom Zufall und damit zumindest 95 % von der vermuteten Gesetzmäßigkeit abhängt, dann wird es als signifikant bezeichnet. Manche Untersuchungen setzen die Vertrauensschranken der Signifikanz auch auf 1 %, beispielsweise bei medizinischen Untersuchungen (man will ja nicht zu viele Patienten riskieren), andere beginnen bereits bei 10 % Zufallswahrscheinlichkeit von einer Trendmeldung oder einer schwachen Signifikanz zu sprechen. Diese Zahlen müssen jedoch immer im Methodenteil der jeweiligen Arbeit angegeben werden. Die Leserschaft kann sich dann selbst ein Bild von der Aussagekraft machen.

Gelingt es, sogar mehrere, zur gleichen Hypothese durchgeführte und getrennt veröffentlichte Untersuchungen mit einer sogenannten Metaanalyse nochmals durch übergeordnete Statistik auszuwerten und den vermuteten Zusammenhang durch diese übergeordnete Statistik wiederum zu belegen, dann ist die Aussagekraft des vermuteten Zusammenhangs umso größer.
Neben dem Signifikanzwert, der meistens mit p (von Probability) angegeben wird, gibt es neuerdings noch die Forderung nach einer weiteren statistischen Kenngröße, die als Effektstärke bezeichnet wird. Unabhängig vom Zufallseffekt der jeweiligen Untersuchung, gibt die Effektstärke an, welche Aussagekraft für die Gesamtpopulation der gefundene Wert hat. Sie hängt im Gegensatz zum p-Wert beispielsweise auch von der Zahl der untersuchten Individuen und der Schwankungsbreite ihrer Daten weiterhin ab.

Wer also statistische Zusammenhänge in einschlägigen Forschungsarbeiten verstehen will, sollte sich auf diese Kennwerte, nämlich die Zahl der untersuchten Individuen, die Effektstärke und den p-Wert beziehen.

Nicht zuletzt aufgrund neuer, verbesserter statistischer und auch anderer Auswertungsmethoden kann inzwischen eine Untersuchung auch mit sogenannten bürgerwissenschaftlichen Methoden durchgeführt werden. Das bedeutet, dass viele Menschen, die sich für die genannte Fragestellung interessieren, durch eigene Beobachtungen, Videoaufnahmen oder anderweitig selbst erhobene Daten einen breiten Datenbestand liefern. Dieser wird dann von den an der Fragestellung interessierten Forscherinnen und Forschern ausgewertet und zusammenhängend veröffentlich.

Auch die Bezeichnung »Tiermodell«, die gerade in der Labortierforschung sehr häufig verwendet wird, unterliegt eigentlich sehr strengen Kriterien. Nicht jeder Versuch, der mit Tieren durchgeführt wird, kann auch als Modell für andere Tierarten dienen. Umgekehrt ist der Begriff Tierversuch auch keineswegs immer mit belastenden oder gar tierquälerischen Vorgehensweisen verbunden. Einen Versuch durchzuführen, bedeutet lediglich, dass man eben möglichst viele, am besten sogar alle, Einflussfaktoren kontrollieren und nur einen davon systematisch variieren kann. Der Einfluss dieses Faktors auf das Verhalten oder andere Aspekte des betreffenden Lebewesens, wird dann dokumentiert und in der bereits geschilderten Art und Weise statistisch ausgewertet.

Auch Fragebogenstudien, wie beispielsweise die von Nicolai Hoppe (Hoppe et al., 2017) zur Auswirkung verschiedener Haltungssituationen auf die Hyperaktivitätsproblematik bei Hunden, sind sehr wohl als wissenschaftliche Datenerhebung geeignet. Eine aus statistischen Gründen dafür zu bevorzugende Form der Fragestellung sind jedoch geschlossene Fragen, bei denen die Menschen verschiedene Antwortmöglichkeiten ankreuzen, anstatt im freien Text ihre eigenen Beobachtungen mitzuteilen. Noch besser ist es dann, wenn die Ankreuzmöglichkeiten nicht auf »Ja« und »Nein« beschränkt sind, sondern beispielsweise zwischen 0 (trifft überhaupt nicht zu) und 5 (trifft ganz besonders heftig und immer zu) abgestuft sind. Eine solche, als Likert-Skala bezeichnete Fragestellung ermöglicht nämlich die bessere statistische Auswertung.
Mit den hier geschilderten Grundtatsachen der wissenschaftlichen Arbeit ausgestattet, können wir uns nun den Untersuchungen über ADHS und verwandte Erscheinungen bei Hunden widmen.

Foto: ©sergey kolesnikov/Shutterstock.com

KAPITEL 1

Wann kam das Thema ADHS bei Hunden zum ersten Mal auf?

Wann kam das Thema ADHS bei Hunden zum ersten Mal auf?

Die Vorstellung, dass Menschen und andere Tiere, insbesondere Hunde, unter psychischen Erkrankungen leiden könnten, war lange Zeit ein vernachlässigtes Forschungsgebiet. Erst in den 1970er-Jahren begannen Wissenschaftler das Verhalten von Hunden systematisch zu erforschen, um Rückschlüsse auf deren mentale Gesundheit und mögliche psychische Störungen zu ziehen (Campbell, 1973). Zu den ersten Erkenntnissen gehörte, dass das Verhalten einiger Hunde deutliche Ähnlichkeiten zu Symptomen zeigte, die auch bei psychischen Erkrankungen des Menschen auftreten, insbesondere bei Angst, Aggression und auch bei übermäßiger Unruhe. Diese Entwicklungen führten schließlich zur Untersuchung einer speziellen Form extremer Hyperaktivität bei Hunden, die als Canine Hyperkinese bekannt wurde. Verhaltensforscher und Veterinärmediziner erkannten, dass diese hyperaktiven Verhaltensweisen bei Hunden an das Verhalten von Menschen mit einer Aufmerksamkeitsdefizit-/Hyperaktivitätsstörung (ADHS) erinnerte.

Die Erforschung dieser Hyperkinese – was auf Griechisch »übermäßige Bewegung« bedeutet – ermöglichte es Wissenschaftlern, erste Kategorien für besonders ruhelose und schwer kontrollierbare Verhaltensmuster bei Hunden zu entwickeln. Dies begann mit der Beobachtung, dass bestimmte Hunde auf minimale Umweltreize übermäßig intensiv reagierten und Schwierigkeiten hatten, sich selbst zu beruhigen. Diese Verhaltensweisen gingen dabei weit über die Norm hinaus. Betroffene Hunde zeigten extreme Ruhelosigkeit, spontane Impulsivität und ein hohes Aktivitätsniveau, was oft zu Verhaltensproblemen führte (Campbell, 1973). Im Gegensatz zu normaler, situationsbedingter Aktivität schien es sich bei der Hyperkinese um eine genetische und neurochemisch bedingte Überreaktion zu handeln (Bareggi et al., 1979).

In den folgenden Jahrzehnten erweiterten Verhaltenswissenschaftler und Genetiker die Untersuchungen zur Caninen Hyperkinese und ADHS bei Hunden. Eine bedeutende Studie, die im Jahr 2021 von Sulkama und Kollegen durchgeführt wurde, untersuchte die genetische Basis von Hyperaktivität und Impulsivität bei Hunden. Die Forscher fanden heraus, dass bestimmte genetische Marker mit hyperaktivem Verhalten assoziiert sind, und dass einige Hunderassen, wie z. B. Border Collies und Schäferhunde, besonders anfällig für solche Verhaltensmuster sein könnten. Diese Entdeckungen zeigten, dass Verhaltensstörungen wie Canine Hyperkinese nicht nur eine Reaktion auf Umweltfaktoren sind. Es wird angenommen, dass sie auch eine genetische Komponente haben.

Hunde mit ADHS-ähnlichen Symptomen weisen somit sehr viele Parallelen zu der menschlichen Erkrankung auf. Neurochemische Prozesse spielen bei hyperaktiven Hunden eine ähnliche Rolle wie bei Menschen mit ADHS. Die Forschung konzentriert sich insbesondere auf die Neurotransmitter Dopamin und Serotonin (Oades, 2008; González-Martínez et al., 2023), die eine wichtige Funktion bei den Regulierungsprozessen von Motivation, Aufmerksamkeit und Impulsivität übernehmen. Hunde, die Symptome von Hyperaktivität zeigen, weisen oft ein Ungleichgewicht dieser Neurotransmitter auf. Ähnlich ist es bei Menschen mit ADHS.
Doch wie äußert sich das nun im Verhalten und Erleben von Menschen und Hunden mit ADHS?

Was ist ADHS?

Die Aufmerksamkeitsdefizit-/Hyperaktivitätsstörung (ADHS) ist eine neurologisch bedingte Erkrankung. Diese zählt zu einer der häufigsten Entwicklungsstörungen im Kindes- und Jugendalter, kann jedoch auch im Erwachsenenalter weiter fortbestehen (Polanczyk G, De Lima MS, Horta BL et al., (2007). Dabei kann sich das Erscheinungsbild je nach Lebensphase und Alter der Betroffenen verändern (Schmidt & Petermann, 2011).
ADHS zeichnet sich durch folgende drei Hauptmerkmale aus:

Hyperaktivität

Hyperaktivität äußert sich vor allem durch motorische Unruhe und einen gesteigerten bzw. übersteigerten Bewegungsdrang. Bei Kindern zeigt sich das zum Beispiel durch das Nicht-still-sitzen-Können oder einen besonders hohen Rededrang. Bei Erwachsenen tritt dieses Merkmal meist eher durch eine innere Unruhe und der Schwierigkeit, nicht entspannen zu können, in Erscheinung. Bei Hunden scheint es jedoch meist eher eine Kombination aus beidem zu sein. Einerseits haben sie Probleme, in ruhiger Umgebung zur Ruhe kommen zu können, aber meist zeigen sie auch ein sehr hohes Aktivitätsbedürfnis.

Unaufmerksamkeit

Unaufmerksamkeit betrifft die Fähigkeit, sich über längere Zeit auf eine Aufgabe oder auch ein Gespräch konzentrieren zu können. Ausdrücken kann sich dies in einem häufigen Wechsel der Tätigkeit, ohne die vorherige beendet zu haben, oder auch durch leichte Ablenkbarkeit. Die Schwierigkeit ist hierbei, dass Menschen und Hunde mit ADHS mehr Energie dafür nutzen müssen, um gezielt und konstant ihre Aufmerksamkeit auf eine Sache zu richten. Dies ist somit in der Folge deutlich anstrengender.

Gleichzeitig gibt es jedoch auch eine Kehrseite der Unaufmerksamkeit, den sogenannten Hyperfokus. Dabei können Menschen und Hunde mit ADHS so tief in eine ganz bestimmte Thematik eintauchen, dass sie die Umwelt um sich herum völlig ausblenden und sich überdurchschnittlich gut auf diese eine Sache konzentrieren können.

Impulsivität

Impulsivität beschreibt die Tendenz, unüberlegt und spontan zu handeln, ohne dabei auf mögliche Konsequenzen des eigenen Verhaltens zu achten. Dies kann in der Menschenwelt zu sehr abrupten Entscheidungen, Gesprächsabbrüchen oder Themenwechseln führen. Bei Kindern ist dies oft im Kontext der Schule eine sehr große Herausforderung, wenn sie abwarten müssen, bis sie an der Reihe sind. Bei Erwachsenen kann sich dies auch in unüberlegten Käufen oder Meinungsäußerungen zeigen. Hunde zeigen impulsives Verhalten oft in Hundebegegnungssituationen, wo sie zu Reaktivität neigen können. Schon vermeintlich kleine Reize lösen in ihnen eine für uns übersteigert wahrgenommene Reaktion aus. Dies ist ein Beispiel für Impulsivität und noch nicht spezifisch für eine ADHS-Diagnose.

Dabei können jedoch die einzelnen Merkmale in verschiedenen Ausprägungen und Variationen vorhanden sein und somit je ein individuelles Störungsbild hervorrufen (Bundesministerium für Gesundheit, Stand 09.2024).

Die Welt durch die Augen von Menschen mit ADHS

Menschen mit ADHS erleben ihre Umwelt auf eine Weise, die sich grundlegend von der Wahrnehmung neurotypischer Menschen unterscheidet. ADHS ist gekennzeichnet durch eine Dysregulation der Aufmerksamkeit, Impulsivität und durch Hyperaktivität. Dieser Zustand beeinflusst nicht nur die Art und Weise, wie Menschen mit ADHS-Informationen verarbeiten und auf ihre Umgebung reagieren, sondern auch, wie sie ihre eigenen Gedanken und Gefühle erleben.

Ein ständiger Strom von Reizen

Menschen mit ADHS nehmen ihre Umgebung oft als eine Flut von Reizen wahr. Wo andere Menschen in der Lage sind, bestimmte Reize auszublenden und sich auf eine Aufgabe zu konzentrieren, fällt es ADHS-Betroffenen schwer, ihre Aufmerksamkeit selektiv zu steuern. Die neurologische Basis dieser Wahrnehmung ist eine verminderte Gehirnaktivität, die mit einer gestörten Regulation neurochemischer Prozesse einhergeht. Die betroffene Gehirnregion ist dabei für Funktionen zuständig, welche beispielsweise die Impulskontrolle, die Planung und Aufrechterhaltung der Aufmerksamkeit auf eine Aufgabe einschließt. Außerdem sind Prozesse gestört, die bedeutsam für die Motivation und das Belohnungsempfinden sind. Bei Menschen mit ADHS führt das dazu, dass sie Schwierigkeiten haben, sich auf Tätigkeiten zu konzentrieren, die nicht sofortige Belohnungen versprechen (Mowinckel et al., 2015).

Dieser »Reizüberfluss« bedingt, dass sich Menschen mit ADHS leicht ablenken lassen. Ein Geräusch, eine Bewegung oder auch ein Gedanke kann ihre Aufmerksamkeit spontan auf sich ziehen und bringt sie dazu, sich von der eigentlichen Aufgabe abzuwenden. Dies führt häufig dazu, dass alltägliche Situationen zu Herausforderungen werden. Ein einfaches Gespräch kann durch eine vorbeifahrende Straßenbahn oder das Klingeln eines Telefons unterbrochen werden, was es für Menschen mit ADHS schwer macht, ihren Fokus beizubehalten und dabei aufmerksam zuzuhören.

Dabei ist zu beachten, dass Menschen (und Hunde), die hypersensibel sind, eine ganz ähnliche Wahrnehmung ihrer Umgebung und Umwelt haben.

Impulsivität und die Suche nach Stimulation

Eine weitere Facette der ADHS ist die Impulsivität, die eng mit dem Bedürfnis nach ständiger Stimulation verbunden ist. Menschen mit ADHS handeln oft spontan und ohne lange nachzudenken. Dies kann sich in Verhaltensweisen wie dem impulsiven Klicken auf eine Benachrichtigung während der Arbeit, dem plötzlichen Wechseln von Tätigkeiten oder dem Sprechen ohne Überlegen äußern. Menschen mit ADHS verspüren häufig das Bedürfnis, sich selbst zu stimulieren – sie suchen nach schnellen Reizen, die ein positives Gefühl hervorrufen (Mowinckel et al., 2015).

Diese Tendenz führt häufig dazu, dass Menschen mit ADHS riskante Entscheidungen treffen oder in soziale Schwierigkeiten geraten, da sie manchmal ohne Rücksicht auf Konsequenzen handeln. Das Bedürfnis nach sofortiger Stimulation kann sich auch in Hyperaktivität äußern – einem Drang, sich körperlich zu betätigen oder ständig in Bewegung zu sein. Erwachsene mit

ADHS können durch dieses Bedürfnis oft unruhig wirken, sie haben Schwierigkeiten, für längere Zeit still zu sitzen oder eine Routineaufgabe zu bewältigen.

Emotionale Intensität und Reaktivität

Neben Aufmerksamkeitsproblemen und Impulsivität kämpfen viele Menschen mit ADHS auch mit einer erhöhten emotionalen Reaktivität. Emotionen werden oft intensiver wahrgenommen und erlebt, was dazu führt, dass ADHS-Betroffene leichter reizbar oder schneller frustriert sind. Sie reagieren in der Regel rascher und intensiver auf äußere Umstände und empfinden Ablehnung, Kritik oder auch kleinere Rückschläge häufig als emotional überwältigend (Beaton et al., 2022). Dieses Phänomen, auch als »Rejection Sensitivity« bekannt, kann das soziale und berufliche Leben von Menschen mit ADHS stark beeinflussen und zu Missverständnissen in zwischenmenschlichen Beziehungen führen (Scharf et al., 2014).

Emotionale Reaktivität wird zum Teil durch dieselben neurochemischen Mechanismen verstärkt, die auch für die Impulsivität und die gestörte Aufmerksamkeit verantwortlich sind. Gleichzeitig führt die emotionale Intensität dazu, dass Erfolge und positive Erfahrungen bei Menschen mit ADHS besonders stärkend wirken können – sie neigen dazu, leidenschaftlich und engagiert zu sein, wenn sie von einer Aufgabe oder einer Person motiviert sind.

Herausforderungen und Stärken

Das Leben mit ADHS ist von täglichen Herausforderungen geprägt. Routinetätigkeiten, die bei anderen Menschen kaum Aufmerksamkeit erfordern, können für Betroffene zu großen Hürden werden. Einfache Aufgaben wie das Erledigen von Haushaltstätigkeiten, das Organisieren von Terminen oder das konzentrierte Arbeiten über längere Zeiträume sind für Menschen mit ADHS anstrengend und erfordern oft mehr Aufwand. Sie setzen sich meist stark unter Druck, weil sie wissen, dass sie schneller abgelenkt und emotionaler reagieren. Das Bewusstsein, anders zu sein, kann auch zu einem verminderten Selbstwertgefühl führen, da Betroffene häufig das Gefühl haben, den gesellschaftlichen Erwartungen nicht gerecht zu werden (Redshaw & McCormack, 2022).

Doch trotz dieser Herausforderungen zeigen Menschen mit ADHS oft bemerkenswerte Stärken. Viele von ihnen sind kreativ, intuitiv und in der Lage, neue Ideen schnell zu entwickeln und in komplexen Situationen flexibel zu denken. Ihre erhöhte Wahrnehmung und Sensibilität ermöglichen es ihnen, Details zu bemerken, die andere übersehen könnten. Zudem sind sie oft ausgesprochen einfühlsam und engagiert, wenn sie sich für ein Thema oder eine Person interessieren (Redshaw & McCormack, 2022).

Foto: Stephan Klement

Wie zeigt sich die Symptomatik im Leben unserer Hunde?

Die Welt durch die Augen eines Hundes mit ADHS betrachtet, können wir uns ganz ähnlich wie die vorherige menschliche Beschreibung vorstellen (Vas et al., 2007). Hunde, die von ADHS betroffen sind, reagieren häufig sehr intensiv auf schon kleine Umgebungsreize oder Veränderungen. Nehmen wir zum Beispiel einen Café-Besuch mit unserem Hund, dann fällt es ihm schwer, sich von den lauten und abwechslungsreichen Umgebungsreizen abzuschirmen. Auf ihn prasseln Eindrücke wie Tassenklirren, überlappende Unterhaltungen und Gerüche von Kaffee, Kakao, Kuchen und anderen Süßspeisen ein – ohne Filter. Nun erwarten wir von ihm, dass er sich in so einer Situation entspannt neben uns ablegt und all diese Reize ignoriert, die für ihn jedoch sehr präsent sind. Ein Hund mit ADHS wird hierbei deutlich größere Schwierigkeiten haben, einerseits zur Ruhe zu finden und andererseits auch noch auf Kommandos von seinem Halter zu hören. Dazu muss er die verschiedenen Reize filtern und priorisieren, doch ein Hund mit ADHS scheint diese alle gleichzeitig wahrzunehmen, was schnell zu einer Überreizung führt. Solche Hunde neigen zu Nervosität und vermehrtem Übersprungverhalten als Reaktion auf stressig erlebte Situationen wie die grade beschriebene.

Sehr ruhige Situationen können hingegen dazu führen, dass ein Hund mit dem Fehlen von stimulierendem Input überfordert ist und als Kompensation dessen hyperaktives Verhalten zeigt. Dies kann sich in einem gesteigerten Bewegungsdrang äußern oder in einer anhaltenden Unruhe, obwohl der Hund müde ist. Auch Stereotypien oder destruktives Verhalten der Hunde kann eine Reaktion darauf sein. Unter Stereotypien zählt zum Beispiel das Jagen des eigenen Schwanzes, was auch noch häufig als lustige Verhaltensweise aufgefasst wird. Auch autoaggressives Verhalten, wie das Anknabbern des eigenen Körpers, kann in solchen Situationen als destruktive Reaktion auftreten (Sulkuma et al., 2022).

Der Spruch »Nach müd′, kommt blöd.«, trifft hier den Nagel auf den Kopf. Für Hunde mit ADHS ist es unfassbar anstrengend, in so einer aufgeregten Welt mit dauerhafter Stimulation und Input zu leben. Dadurch sind sie deutlich schneller an ihrem individuellen Limit angekommen. Wenn das jedoch in der Strukturierung des Tages eines Hundes nicht beachtet wird, kann es schnell zu unerwünschten Kompensationsmechanismen kommen, die dann das »Blöd« wunderbar bedienen.

Foto: Stephan Klement

Foto: Stephan Klement

KAPITEL 2

Entstehung von ADHS

Entstehung von ADHS

Für ADHS gibt es keine singuläre Ursache, sondern es ist ein multifaktorielles Zusammenspiel verschiedener Faktoren. Das bedeutet, dass ADHS nicht allein genetisch bedingt ist oder durch das Umfeld hervorgerufen werden kann, sondern verschiedene Einflüsse gemeinsam zum Auftreten dieses Störungsbildes führen.

Genetische Faktoren

Die Frage, wie genetische und umweltbedingte Faktoren zur Entwicklung von ADHS beitragen, ist zentral in der Forschung – sowohl beim Menschen als auch bei Hunden. Dabei zeigt sich, dass genetische Einflüsse nicht isoliert betrachtet werden können, da Umweltfaktoren immer eine gewisse Rolle spielen. Das Zusammenspiel dieser beiden Komponenten bestimmt das individuelle Verhalten und die Ausprägung von Störungen wie ADHS.

Zur Untersuchung von familiären Häufungen von ADHS werden im humanmedizinischen Bereich häufig Zwillingsstudien durchgeführt. Diese sind besonders wertvoll, da sie es ermöglichen, die

Foto: Vet Lässig

Auswirkungen von Genetik und Umwelt zu differenzieren. Eineiige Zwillinge teilen 100 % ihres Erbguts, während zweieiige Zwillinge im Durchschnitt nur 50 % ihrer Gene gemeinsam haben – ähnlich wie Geschwister. Der Vergleich zwischen diesen beiden Gruppen bietet Einblicke in den genetischen Anteil an einem Merkmal oder einer Verhaltensweise.

In verschiedenen Studien konnte beispielsweise gezeigt werden, dass ADHS bei Menschen eine geschätzte Heritabilität von durchschnittlich 75 % aufweist (Faraone et al., 2005). Das bedeutet, dass genetische Faktoren einen überwiegenden Anteil am Auftreten von ADHS haben. Solche Ergebnisse sind wegweisend, da sie darauf hinweisen, dass auch bei Hunden ein signifikanter genetischer Einfluss auf hyperaktive und impulsive Verhaltensweisen bestehen können.

Die Erfassung der epidemiologischen Situation von ADHS ähnlichem Verhalten bei Hunden gestaltet sich schwierig, da in der wissenschaftlichen Literatur verschiedene Terminologien verwendet werden. Einerseits werden dabei »nur« ADHS-ähnliche Verhaltensweisen erfasst und keine von diagnostiziert ADHS-betroffenen Hunden verwendet. Andererseits wird allein die Terminologie »ADHS-ähnlich« oft in verschiedenen Kontexten genutzt. Wie die Diagnose ADHS bei Hunden gestellt werden kann, wird in Kapitel 5 näher behandelt.

Risikofaktoren

Abgesehen von genetischen Einflüssen gibt es weitere Risikofaktoren, die mit ADHS-ähnlichem Verhalten bei Hunden in Verbindung stehen. Eine umfassende Studie von Sulkama und Kollegen (2021) untersuchte demografische Risikofaktoren bei über 11.000 Hunden. Die Forschenden analysierten zwei Hauptbereiche des Verhaltens: Hyperaktivität und Impulsivität sowie Unaufmerksamkeit.

Die Ergebnisse zeigten, dass männliche Hunde in beiden Bereichen stärkere Verhaltensausprägungen aufwiesen als weibliche. Diese geschlechtsbezogenen Unterschiede konnten jedoch nicht in jeder Studie so nachgewiesen werden (Wright et al., 2011). Dies könnte daran liegen, dass sich die Auswirkungen des Störungsbildes bei dem weiblichen Geschlecht anders darstellen als im männlichen Geschlecht. Beim Störungsbild des weiblichen Geschlechts wird häufiger von Unaufmerksamkeit statt von Hyperaktivität berichtet. Außerdem sind hier Begleiterkrankungen wie Ängste und Depression häufiger vertreten, was dazu führen kann, dass eine ADHS-Diagnose übersehen wird (Quinn & Madhoo, 2014).

Darüber hinaus besteht ein Zusammenhang zwischen zwanghaftem, aggressivem oder ängstlichem Verhalten und einer höheren Neigung zu hyperaktivem, impulsivem sowie unaufmerk-

samem Verhalten. Ein weiterer entscheidender Faktor ist das Alter: Jüngere Hunde mit ADHS-ähnlichem Verhalten neigen häufiger zu Hyperaktivität und Impulsivität als ältere Tiere, bei denen diese Verhaltensweisen in der Regel weniger ausgeprägt sind. Dies lässt sich unter anderem auf eine verzögerte Entwicklung des Gehirns zurückführen, welche sich im Laufe der Zeit einpendelt (Hoogman et al., 2017).

Diese Ergebnisse unterstreichen die Bedeutung von individuellen und umweltbedingten Faktoren bei der Entwicklung von ADHS-ähnlichem Verhalten. Des Weiteren decken sich diese Ergebnisse auch mit humanmedizinischer Forschung (Biedermann et al., 2011; Vas et al., 2006).
Ein weiterer Risikofaktor kann die Rasse eines Hundes sein. Darauf kommen wir in einem späteren Kapitel zu sprechen.

Neurologische Grundlagen
Auch in der neuronalen Verarbeitung zeigen sich die Parallelen zwischen Hunden und Menschen. Studien legen nahe, dass sowohl genetische Faktoren als auch neurochemische Ungleichgewichte – insbesondere in dem Neurotransmittersystemen von Dopamin – eine zentrale Rolle spielen. Auch die Transmittersysteme von Serotonin und Noradrenalin sind von diesem Ungleichgewicht betroffen (González-Martínez et al., 2022; Faraone et al., 2004). Außerdem kommt es bei ADHS auch zu strukturellen Veränderungen im Gehirn. Eine Studie von Kindern mit AHDS (Hoogman et al., 2017) zeigte, dass es zu einem verringerten Umfang von verschiedenen Gehirnregionen kommt. Davon betroffen sind unter anderem die Amygdala, der Nucleus accumbens, der Hippocampus und das Striatum mit dem Putamen und Caudatum. Dies lässt sich durch eine verzögerte Reifung des Gehirns von Menschen mit ADHS erklären.

Im folgenden Abschnitt werden die neuronalen Grundlagen nun noch einmal vertieft.

Exkurs: Das Gehirn und seine Funktionen

Striatum
Das Striatum ist ein Bestandteil des Basalgangliensystems und besteht aus den beiden Hauptstrukturen: dem Nucleus caudatus und dem Putamen. Es spielt eine entscheidende Rolle bei der Regulation von Motivation, Belohnung und Bewegung. Dabei wird es hauptsächlich über den Neurotransmitter Dopamin gesteuert (Sonuga-Barke, 2003). Es beeinflusst somit die Bewertung und Verarbeitung von Belohnungsreizen. Außerdem ist es an den Lernprozessen beteiligt, wobei es die Assoziation zwischen Verhalten und Konsequenzen unterstützt (Pinel & Pauli, 2017).

Präfrontaler Kortex

Der präfrontale Kortex befindet sich im vordersten Teil des Gehirns und ist evolutionär der jüngste Teil. Er ist maßgeblich verantwortlich für die Steuerung exekutiver Funktionen. Das sind Funktionen wie Verhaltensplanung, -steuerung und -regulation. Kommt es zu Störungen im präfrontalen Kortex, so können Probleme entstehen, die sich zum Beispiel in einer Beeinträchtigung der Kontrolle motivationaler und emotionaler Impulse zeigen (Schandry, 2016). Dabei ist der präfrontale Kortex mit der Amygdala verknüpft, die auf Stress- oder Gefahrensituationen reagiert. Er überprüft die Einschätzung der Amygdala und verstärkt oder schwächt ihre Signale daraufhin. Des Weiteren spielt er eine Rolle bei den Arbeitsgedächtnisfunktionen. Das Arbeitsgedächtnis ist dafür zuständig, dass Informationen kurzfristig gespeichert und gleichzeitig verarbeitet werden können (Pinel & Pauli, 2017).

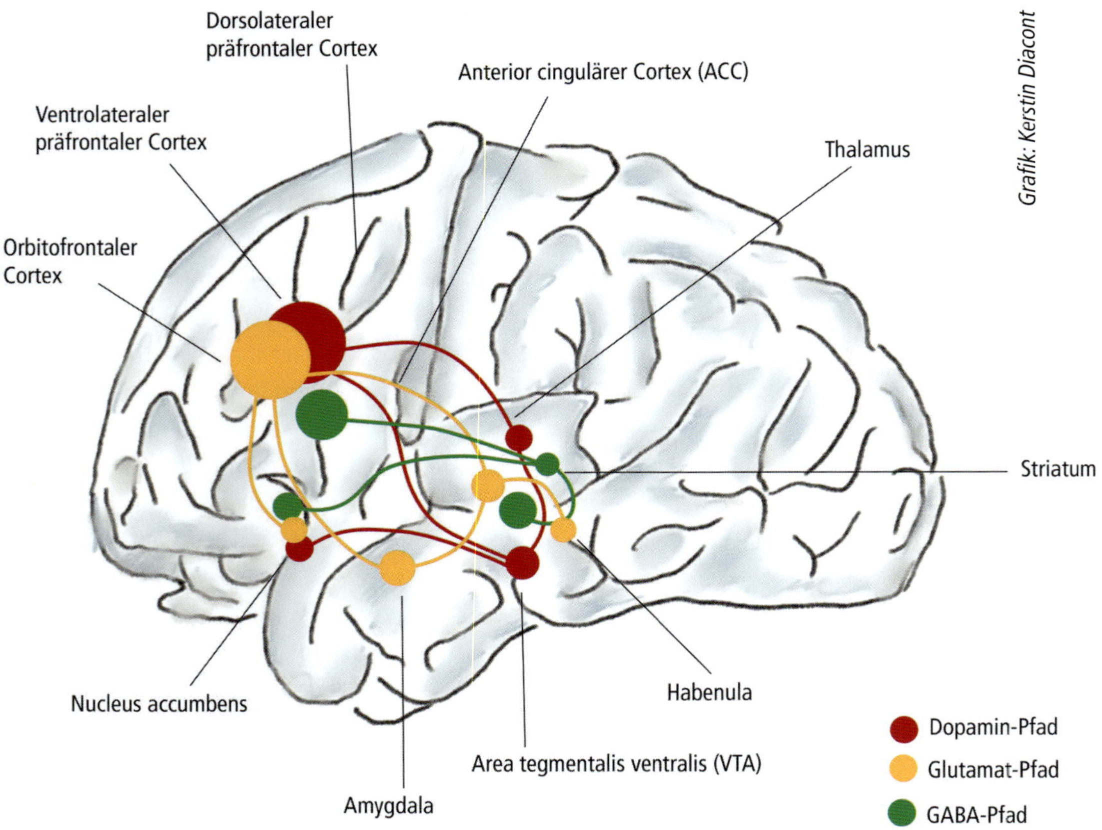

Grafik: Kerstin Diacont

Limbisches System
Das limbische System besteht aus mehreren Strukturen wie unter anderem dem Hippocampus, der Amygdala und dem Nucleus accumbens. In der Literatur wird der Name noch häufig genutzt, doch sind sich Forscher mittlerweile oft uneinig über diese Gruppierung. Dennoch stehen die darin gelisteten Strukturen in enger Verbindung zueinander und haben die Gemeinsamkeit, dass sie alle, auch wenn auf unterschiedliche Weise, an der Verarbeitung von Emotionen beteiligt sind (Schandry, 2016).

Hippocampus
Der Hippocampus hat seinen Namen seiner Form zu verdanken, da er im Querschnitt aussieht wie ein Seepferdchen (abgeleitet aus dem Griechischen). Er ist eingebettet in das Limbische System, welches für Emotion und Motivation verantwortlich ist. In ihm und bei seinen Funktionen sind sowohl Serotonin als auch Noradrenalin wirksam. Einer seiner Hauptaufgaben ist die Konsolidierung von Erinnerungen. Das bedeutet, dass er wie eine Art Speicherassistent fungiert. Er verarbeitet die Informationen, die ins Kurzzeitgedächtnis gelangen so, dass er sie danach ins Langzeitgedächtnis überführen kann und sie dort abgespeichert werden. Ohne den Hippocampus könnten wir keine neuen Erinnerungen dauerhaft speichern. Außerdem ist er zuständig für die Orientierung im Raum. Er ist also eine Art internes Navigationssystem. Er hilft uns mentale Landkarten zu erstellen, damit wir uns in gewohnten Umgebungen zurechtfinden (Schandry, 2016; Pinel & Pauli, 2017).

Amygdala
Die Amygdala ist ein integraler Bestandteil des limbischen Systems. Sie hat ihren Namen vom griechischen Wort »amygdalē«, was »Mandel« bedeutet, da ihre Form einer Mandel ähnelt. Aufgrund dieser mandelförmigen Struktur wird sie auch häufig als Mandelkern bezeichnet. Im limbischen System ist sie für die Verarbeitung und Regulation von Emotionen zuständig. Ihre Hauptfunktionen sind die schnelle Bewertung von Umweltreizen und das Abschätzen potentieller Gefahren (Bear et al., 2018). Dies geht mit einer erhöhten Aufmerksamkeit und Angstreaktionen einher. Sie spielt somit eine primäre Rolle in der Kampf- oder Fluchtreaktion. Darüber hinaus ist die Amygdala zuständig für die Verarbeitung und Speicherung emotionaler Erlebnisse. Sie ist eng verschaltet mit dem Hippocampus, indem sie emotionale Ereignisse priorisiert und diese so langfristig gespeichert werden (Schandry, 2016). Auch im sozialen Kontext spielt die Amygdala eine zentrale Rolle. Sie unterstützt das Erkennen und die Interpretation emotionaler Gesichtsausdrücke und sozialer Signale, was essenziell für die Kommunikation mit anderen Individuen ist (Bear et al., 2018).

Nucleus accumbens
Der Nucleus accumbens ist Teil des Belohnungssystems. Seine Hauptfunktionen sind die Bewertung von Reizen und die Regulation motivationsgesteuerter Handlungen. Dabei wird seine Aktivität hauptsächlich von dem Neurotransmitter Dopamin gesteuert. Außerdem ist er mit dem präfrontalen Kortex verschaltet und steuert darüber die Priorisierung langfristiger Ziele. Gibt es ein Dopamindefizit in diesem Bereich, so ist die Fähigkeit des Belohnungsaufschubs beeinträchtigt (Pinel & Pauli, 2017).

Stressachsen

Der Begriff Stress wird, auch im Umgang mit unseren Haushunden, derzeit geradezu inflationär für jede Art von Aufregung oder kurzfristiger Belastung verwendet. Physiologisch dagegen ist dieser Begriff sehr viel enger zu fassen. Eine der gängigen Stressdefinitionen stammt von dem britischen Verhaltensmediziner Donald Broom (siehe Gansloßer 2020, Winkler und Tebelmann 2023): als Stress wird nur eine Situation bezeichnet, die das Anpassungssystem eines Lebewesens überfordert, und als Konsequenz daraus dann negative Auswirkungen auf Gesundheit oder Fortpflanzungsfähigkeit in der Zukunft entstehen. Zur Gesundheit gehören selbstverständlich auch die psychischen Befunde.

Wenn wir diese Stressdefinition benutzen, wird auch klar, warum nicht jede kleine Aufregung gleich als Stress bezeichnet werden sollte. Es wird auch klarer, welche Form von Belastung wir von den uns anvertrauten Lebewesen fernhalten sollten.

Eine weitere wichtige Konzeption in diesem Zusammenhang ist der Begriff der Resilienz (siehe die genannte Literatur). Die Widerstandsfähigkeit eines Organismus, die insbesondere im Laufe seiner frühen Welpen- und Jugendentwicklung bis zur Pubertät gestärkt oder eben abgeschwächt entsteht, wird auch durch bewältigbare Belastungen in den genannten Zeiträumen verbessert. Man spricht hier regelrecht von einer Stressimpfung, wenn durch bewältigbare, leichte gesteigerte Anforderungen aus der Umwelt ein Tier Erfahrungen mit Selbstwirksamkeit und damit mit Bewältigungsstrategien machen kann.

Gerade im Zusammenhang mit den Stresshormonsystemen ist diese Resilienz dann auch nachgewiesen. Die Regelkreise der Produktion und Dämpfung von Stresshormonen werden feinfühliger und damit auch alltagstauglicher gestaltet.

Im Wesentlichen haben zumindest Wirbeltiere, und damit eben auch Menschen, Hunde und andere Säugetiere, drei als Stressachsen bezeichnete Reaktionsmöglichkeiten auf Belastungen aus der Umwelt: Die am seltensten besprochene und auch in unserem Zusammenhang nur der Vollständigkeit halber zu erwähnende Achse, ist die aus der Hirnanhangsdrüse direkt in die Geschlechtsorgane. Die Produktion von Geschlechtshormonen und damit infolgedessen auch die Produktion von Samen- und Eizellen, die Ausstattung der heranwachsenden Embryonen mit Nährstoffen und Wachstumsfaktoren etc., sind also durchaus im Laufe der vorgeburtlichen Entwicklung ein messbarer Effekt einer Umweltbelastung.

Die zweite Achse ist die aus dem sympathischen Nervensystem ins Nebennierenmark ziehende, die als Leithormone und Botenstoffe überwiegend Adrenalin und Noradrenalin aufweist. Sie ist für kurzfristige und vor allem auch sehr schnelle Reaktionen zuständig. Wie schnell sie reagiert, merken wir, wenn wir unachtsamer Weise auf der Straße ein Auto übersehen und plötzlich mit einem Sprung auf den Bürgersteig unser Leben retten müssen. Wir haben bereits Herzrasen, bevor wir überhaupt wissen, warum. Der Vorgängerbotenstoff, aus dem Noradrenalin und dann später auch Adrenalin produziert wird, ist das Dopamin. Beide Botenstoffe werden, sobald die genannte Belastung beendet ist, auch sehr schnell wieder aus dem Rennen genommen, weswegen sich auch unser Herzschlag auf dem Bürgersteig schnell normalisiert.

Die dritte, eher langfristig wirkende Stressachse ist die aus dem Zwischenhirn über die Hirnanhangsdrüse zur Nebennierenrinde ziehende Achse. Diese Region, in der wissenschaftlichen Literatur als Hypophysen-Nebennierenrinden-Achse – in der englischen Abkürzung HPA für Hypothalamus-Pituitary = Hirnanhangsdrüse-Adrenal = Nebennierenrinde), hat bei Hunden, Menschen und vielen anderen Säugetieren als Leithormon Cortisol. Cortisol ist das sogenannte passive Stresshormon. Es dient der inneren Sollwertverstellung nach dem Motto: »Wenn ich meine Umwelt schon nicht an meine Wünsche anpassen kann, dann muss ich meine Wünsche eben so ändern, dass sie in die Umwelt passen.« Diese sogenannte innere Sollwertverstellung, in der Stressliteratur auch als inneres Coping bezeichnet, ist in vielen Bereichen unserer Umwelt- und Sozialanpassung dringend erforderlich, damit wir auch mit anderen zusammenleben können. Sie darf eben nur nicht übertrieben werden.

Gerade die Auswirkungen des Cortisols auf viele Bereiche des Verhaltens, der Motivation, der Lernfähigkeit, aber auch zum Beispiel bei Angstzuständen, Defensivaggression und Panik, sind vielfältig. Im Gegensatz zu den Wirkungen des Adrenalinsystems, also der Nebennierenmarkachse, beginnen die Wirkungen des Cortisols erst ca. fünf Minuten nach dem Auftreten des Stressors. Nach ca. zwanzig Minuten sind die Höchstkonzentrationen für die jeweilige Aufregung zu messen.

Daher kann der Cortisolausschüttung auch sehr viel leichter mit Gegenmaßnahmen, Entspannungsritualen, Wohlfühlmassagen etc. gegengehalten werden – und dadurch die Produktion der genannten Botenstoffe verringert oder sogar ganz vermieden werden. Näheres dazu siehe die einschlägige Spezialliteratur.

Dopamin

Dopamin ist ein essenzieller Neurotransmitter, der eine Schlüsselrolle in zahlreichen Prozessen des Gehirns spielt. Besonders bekannt ist seine Funktion im Belohnungssystem, weshalb es oft als eines der »Glückshormone« benannt wird. Wenn wir eine Belohnung erwarten oder ein Ziel erreichen, wird Dopamin ausgeschüttet. Dies verstärkt angenehme Gefühle und motiviert uns, ähnliche Verhaltensweisen erneut zu zeigen. Dadurch unterstützt Dopamin nicht nur unser Streben nach Belohnungen, sondern fördert auch Lernprozesse, indem es Erfolge mit positiven Emotionen verknüpft.

Dieses fein abgestimmte System kann jedoch aus dem Gleichgewicht geraten. Bei Menschen und auch Hunden mit ADHS zeigen Studien, dass eine gestörte Dopaminregulation zu Symptomen wie Impulsivität, Konzentrationsproblemen und zu Schwierigkeiten in der Selbstkontrolle führen kann. Daher ist Dopamin ein zentraler Fokus in der Forschung zu neurobiologischen Ursachen von ADHS.

Die Rolle von Dopamin bei ADHS

ADHS ist eng mit einer verringerten Effizienz der dopaminergen Signalübertragung im präfrontalen Kortex verbunden. Doch was bedeutet das eigentlich? Stellen wir uns das Gehirn wie eine Landkarte vor, auf der Straßen und Fahrzeuge dargestellt sind. Dopamin fungiert hierbei als ein Fahrzeug, das Signale von einem Ort zum anderen transportiert. Der präfrontale Kortex ist eine »Stadt« auf dieser Karte, die für wichtige Funktionen wie Planung, Entscheidungsfindung und Impulskontrolle verantwortlich ist. Wenn in dieser Stadt zu wenige »Dopamin-Fahrzeuge« unterwegs sind, führt das dazu, dass sowohl Menschen als auch Hunde Schwierigkeiten haben, wichtige Reize von unwichtigen zu unterscheiden, schneller ablenkbar sind und ihre Impulse schlechter kontrollieren können (McDonald et al., 2024).

Das Gehirn selbst besteht jedoch nicht aus Straßen, sondern aus einer komplexen Netzwerkstruktur von Nervenzellen, den sogenannten Neuronen. Diese Neuronen kommunizieren über kleine Lücken, die als synaptische Spalten bezeichnet werden. Hier kommen die Neurotransmitter ins Spiel – chemische Botenstoffe, die Signale zwischen den Nervenzellen übertragen.

Foto: Jaromir Chalabala/Shutterstock.com

Man kann sie sich wie die Fahrzeuge vorstellen, die auf unserer metaphorischen Landkarte unterwegs sind.

Im Fall von Dopamin setzt eine Nervenzelle diesen Neurotransmitter frei. Er überquert den synaptischen Spalt und bindet an Rezeptoren der benachbarten Nervenzelle an. Diese Bindung löst ein elektrisches Signal aus, das weitergeleitet wird. Gleichzeitig gibt es Mechanismen, die dafür sorgen, dass das überschüssige Dopamin abgebaut oder von der ursprünglichen Zelle wieder aufgenommen wird.

Bei ADHS kommt es zu einem Ungleichgewicht in diesem Prozess, welches die Kommunikation im Gehirn beeinträchtigt. Dieses kann durch eine Störung der Dopaminrezeptoren oder durch einen gestörten Dopamintransport entstehen. Gerade im präfrontalen Kortex können dadurch die typischen Symptome von ADHS entstehen wie Impulsivität, Konzentrationsschwierigkeiten und eine verminderte Fähigkeit zur Selbstregulation (González-Martínez et al., 2022; Faraone et al., 2004).

Gestörte Dopamin-Rezeptoren

Eine Störung der Dopaminrezeptoren bei ADHS entsteht durch genetische und neurobiologische Faktoren, die die Funktionalität und Dichte dieser Rezeptoren beeinträchtigen. Dopaminrezeptoren spielen eine zentrale Rolle bei der Signalübertragung im Gehirn, indem sie Dopamin binden und eine Reaktion in der angrenzenden Nervenzelle auslösen. Um auf unser Beispiel zurück-

zukommen: je mehr Rezeptoren wir haben, umso mehr unserer »Dopamin-Fahrzeuge« können anhalten und ihre Nachricht überbringen. Bei ADHS wird häufig eine reduzierte Bindungskapazität oder eine geringere Verfügbarkeit dieser Rezeptoren festgestellt. Dies kann zu einem ineffizienten Transport und einer reduzierten Weiterleitung von Signalen führen (Faraone et al., 2004). Im Übertragenen gibt es für unsere »Dopamin-Fahrzeuge« nun zu wenige Parkplätze am Zielort, sodass sie dort gar nicht erst anhalten können, um ihre Nachricht zu überbringen. Auch genetische Veränderungen in verschiedenen Rezeptorgenen sind mit ADHS assoziiert. Diese Veränderungen können die Sensitivität und Effizienz der Rezeptoren beeinträchtigen. Eine geringere Rezeptorenanzahl im präfrontalen Kortex und in anderen Bereichen des Belohnungssystems, wie dem Striatum, trägt dazu bei, dass Betroffene Schwierigkeiten haben, motivationale Anreize zu verarbeiten, Aufmerksamkeit zu regulieren und Impulse zu kontrollieren (Sonuga-Barke, 2003).

Gestörter Dopamintransport

Ein gestörter Dopamintransport bei ADHS ist ein zentraler Aspekt der neurobiologischen Grundlage der Störung. Dieser Prozess wird durch den Dopamin-Transporter (DAT) geregelt, ein Protein, das für die Wiederaufnahme von Dopamin aus dem synaptischen Spalt in die ausschüttende Nervenzelle verantwortlich ist. Bei ADHS wird eine Überexpression des Dopamin-Transporters beobachtet, was zu einer übermäßig schnellen Wiederaufnahme von Dopamin führt. Stellen wir uns das Ganze nun in unserem Beispiel vor, so sind unsere »Dopamin-Fahrzeuge« wie Taxis. Diese werden jedoch in die Zentrale zurückgerufen, bevor sie überhaupt ihren Zielort erreicht haben. Somit gibt es zu wenige Taxis, die Nachrichten transportieren können bzw. es verbleibt weniger Dopamin im synaptischen Spalt. Die Signalübertragung zwischen Nervenzellen ist beeinträchtigt.

Genetische Variationen spielen eine Schlüsselrolle bei der Fehlregulation dieses Mechanismus. Diese genetischen »Programmierungen« wurden verschiedenen Studien mit ADHS assoziiert (Cook, et al., 1995; Loo et al., 2003). Die gesteigerte Aktivität des Transporters reduziert die Verfügbarkeit von Dopamin an den Rezeptoren der nachgeschalteten Zellen. Heißt, es gibt immer mehr Rückrufe von Taxis, wodurch immer weniger auf den Straßen verfügbar sind. Das kann typische Symptome wie Unaufmerksamkeit, Impulsivität und Hyperaktivität verursachen (Faraone et al., 2004).

Bildgebende Studien wie Positronen-Emissions-Tomographie (PET) zeigen bei ADHS-Patienten eine erhöhte Produktion des Dopamin-Transporters, insbesondere im Striatum. Dadurch kommt es zu einem Dopamindefizit in diesem Bereich des Gehirns. Dies führt zu einer gestörten Kom-

munikation in Hirnarealen, die für Belohnungswahrnehmung, Motivation und Selbstregulation entscheidend sind (Volkow et al., 2009).

Die drei Dopaminsysteme

Der Einfluss von Dopamin auf ADHS-typische Symptome kann auf drei primäre Bereiche eingeschränkt werden. Jedem dieser Bereiche kann eine andere Auswirkung des Dopamindefizits zugeordnet werden. Die im Folgenden beschriebenen Bahnen sind im Übertragenen die drei primären Autobahnen, über die Dopamin seine Informationen transportiert und weiterleitet.

Die erste ist die mesokortikale Bahn. »Meso« kommt aus dem Griechischen und bedeutet so viel wie »Mitte«. In unserem Kontext bezieht es sich auf das Mittelhirn, von wo die Bahn ausgeht. »Kortikal« bezieht sich auf die Großhirnrinde/den Kortex und somit den Zielbereich der Bahn. Durch die mesokortikalen Bahnen werden vor allem kognitive Funktionen gesteuert. Kommt es, wie bei ADHS, zu einem Dopamindezifit, werden diese eingeschränkt. Dies lässt sich unter anderem darauf zurückführen, dass sie durch den frontalen Kortex laufen, wo exekutive und kognitive Funktionen gesteuert werden (González-Martínez et al., 2024; Bear et al., 2018).

Die zweite Bahn ist die mesolimbische Bahn. Auch sie entstammt im Mittelhirn (»meso«). Ihr Zielgebiet ist das limbische System, genauer gesagt Strukturen wie die Amygdala, der Nucleus accumbens oder der Hippocampus. Sind die mesolimbischen Bahnen gestört, so führt dies zu motivationalen Defiziten bei ADHS. Das beruht darauf, dass sie durch das limbische System und besonders durch den Nucleus accumbens laufen und somit das Dopamindefizit Auswirkungen auf einen wichtigen Teil des Belohnungssystems hat (Castellanos et al., 2022, Bear et al., 2018).

Die letzte Bahn ist die nigrostriale Bahn. »Nigro« kommt aus dem Lateinischen und bedeutet »schwarz«. Es steht für Substantia Nigra aus dem Mittelhirn, wo sie beginnt. »Strial« steht für das Striatum, was das Ziel dieser Bahn beschreibt. Dieser Pfad ist vor allem für kognitive Steuerung und Bewegungskontrolle zuständig. Durch ein Dopamindefizit entstandene Funktionsbeeinträchtigungen können sich auf das Verhalten auswirken und es kann zu impulsivem oder hyperaktivem Verhalten kommen (González-Martínez et al., 2023).

Zusammenfassung

Dopamin ist ein zentraler Neurotransmitter, der mit ADHS und damit einhergehenden funktionellen Veränderungen in Zusammenhang gebracht wird. Dabei kommt es zu einem Dopamindefizit, was einerseits auf Störungen der Dopaminrezeptordichte und -funktion und andererseits auf Störungen des Dopamintransports zurückzuführen ist. Dies kann zu typischen, mit ADHS assoziierten Symptomen führen wie Beeinträchtigungen der Aufmerksamkeit oder Motivation, impulsivem Verhalten oder Problemen in Bezug auf Belohnungsaufschub.

Noradrenalin

Noradrenalin ist auch als Norepinephrin bekannt. Er ist ein wichtiger Neurotransmitter, der an der Regulation von Aufmerksamkeit, Wachsamkeit und kognitiven Funktionen beteiligt ist. Dabei spielt er in Wechselwirkung mit Dopamin eine wichtige Rolle im präfrontalen Kortex und bei exekutiven Funktionen (del Campo et al., 2011). In einem neurochemischen Prozess kann durch ein Enzym (Dopamin-Beta-Hydroxylase) Dopamin zu Noradrenalin umgewandelt werden. Grade bei ADHS ist diese Wechselwirkung zu beachten.

Eine Störung im noradrenergenen System kann mit verschiedenen psychischen Erkrankungen in Verbindung gebracht werden. Dazu zählt nicht nur ADHS, sondern auch Depression, Posttraumatische Belastungsstörung (PTBS) oder Angststörungen (Ressler & Nemeroff, 2014).

Die Rolle von Noradrenalin bei ADHS

Im Kontext von ADHS haben wir es mit einem Mangel an Noradrenalin zu tun. Der Prozess selbst ist vergleichbar mit den oben genannten »Dopaminfahrzeugen«. Der Mangel lässt sich durch eine Überaktivität des Noradrenalin-Transporters (NAT) erklären. Der Transporter ist übermäßig aktiv, was zu einer schnelleren Wiederaufnahme von Neurotransmittern führt. Diese können somit nicht ihre Funktionen in den entsprechenden Hirnarealen ausführen. Bei Noradrenalin betrifft dies unter anderem die Steuerung exekutiver Funktionen im präfrontalen Kortex und beeinflusst somit ADHS-typische Schwierigkeiten in diesem Bereich. Dies könnte sich in einer gestörten Impulskontrolle und auch auf die Funktionalität des Arbeitsgedächtnisses auswirken (González-Martínez et al., 2024). Dein Hund könnte also vermehrt Probleme haben sich zu konzentrieren und fokussieren oder braucht mehr Wiederholungen beim Erlernen von Signalen, da neue Informationen nicht so gut abgespeichert werden können.

Die Überaktivität von NAT betrifft jedoch nicht nur Noradrenalin, sondern auch Dopamin. Da Noradrenalin ein Produkt aus Dopamin ist, ist Dopamin auch für den NAT sensibel. Dopamin hat sogar eine höhere Sensitivität für den NAT als für den DAT (Morón et al., 2002). Somit kann die Überaktivität nicht nur einen Noradrenalinmangel hervorrufen, sondern auch einen Dopaminmangel verstärken. Das bedeutet wiederum, dass Aufmerksamkeitsstörungen, Akzeptanz von Belohnungsaufschub oder Beeinträchtigungen in motivationale und Impuls kontrollierende Fähigkeiten wahrscheinlicher werden.

Zusammenfassung
Bei ADHS führt eine Überaktivität des Noradrenalin-Transporters (NAT) zu einer übermäßigen Wiederaufnahme, wodurch Noradrenalin seine Funktionen nicht ausreichend erfüllen kann. Dies beeinträchtigt exekutive Prozesse wie Impulskontrolle und Arbeitsgedächtnis. Da der NAT auch Dopamin beeinflusst, kann diese Überaktivität zusätzlich zu einem Dopaminmangel führen, wodurch typische ADHS-Symptome wie Aufmerksamkeitsprobleme und Schwierigkeiten mit der Motivation verstärkt werden können.

Serotonin

Serotonin ist ein lebenswichtiger Neurotransmitter, der viele körperliche und psychische Funktionen reguliert. Besonders bekannt ist seine Rolle bei der Stimmungsregulation, weshalb es oft mit Wohlbefinden und innerer Ruhe in Verbindung gebracht wird. Es trägt zur Steuerung von Schlaf, Appetit, Schmerzempfinden und sozialen Verhaltensweisen bei (Carlson, Physiologische Psychologie).
Laut Definitionen von Robbins und Everitt (1996) ist Serotonin »entscheidend für die emotionale Stabilität und die Fähigkeit, impulsives Verhalten zu kontrollieren«. Ein Ungleichgewicht in der Serotoninregulation kann zu psychischen und neurologischen Störungen wie Depressionen, Angststörungen oder auch ADHS beitragen.

Die Rolle von Serotonin bei ADHS

Serotonin ist ein eher unspezifischer Neurotransmitter, der sehr komplexe Einflussbereiche auf das Erleben und Verhalten hat und somit nicht isoliert betrachtet werden kann. In Hunden mit ADHS-ähnlicher Symptomatik sind die Serotoninspiegel signifikant geringer (González-Martínez, 2023). Somit haben wir sowohl ein Defizit in Dopamin als auch Serotonin assoziiert mit ADHS.
Serotonin ist bekannt für seine Funktion der Stimmungsregulierung und der Verhaltenssteuerung in sozialen Situationen. Gibt es nun einen Mangel sind diese Fähigkeiten beeinträchtigt. Dies kann zu einem der Hauptsymp-

Foto: Vet Lässig

tome von ADHS führen, einer mangelnden Impulskontrolle. Dadurch kann es passieren, dass Hunde schneller zu aggressivem Verhalten neigen, welche mit der gestörten serotonergen Signalübertragung in Verbindung stehen könnten (González-Martínez, 2023). Einer der höchsten Risikofaktoren für die Entstehung von aggressivem Verhalten ist eine Störung im Serotonintransport. Auch hierbei ist ein erniedrigter Serotoninspiegel der Auslöser (Mogavero et al., 2018).

González-Martínez und Kollegen (2023) berichten des Weiteren, dass eine niedrige Serotoninkonzentration mit einer erhöhten Berührungssensitivität einhergeht. Auch in sozialen Verhaltensweisen zeigt sich die ADHS-Symptomatik oft durch unangemessenes Verhalten oder Schwierigkeiten in der Kontaktaufnahme und Kommunikation. Serotonin ist an solchen Prozessen beteiligt. Es zeigt sich ein Zusammenhang zwischen einer niedrigen Serotoninkonzentration und Bindungsschwierigkeiten bei Hunden.

Außerdem gibt es zwischen den beiden Neurotransmittern Serotonin und Dopamin eine Wechselwirkung. Serotonin beeinflusst die Dopaminübertragung und somit dessen Aktivität (Quist et al., 2003). Gibt es einen Mangel an Serotonin, kann es Dopamin dadurch hemmen, und oben beschriebene Wirkung eines Dopamindefizits wird durch diesen Mangel verstärkt.

Zusammenfassung

Serotonin ist ein vielseitiger Neurotransmitter, der eng mit Stimmung, Impulskontrolle und sozialem Verhalten in Verbindung steht. Studien zeigen, dass Hunde mit ADHS-ähnlicher Symptomatik einen signifikant niedrigeren Serotoninspiegel aufweisen (González-Martínez et al., 2023). Dieser Mangel beeinträchtigt die Verhaltenssteuerung, was zu Auffälligkeiten wie mangelnder Impulskontrolle, Aggression und Bindungsschwierigkeiten führen kann. Serotonin beeinflusst außerdem die Dopaminübertragung, wodurch ein Serotoninmangel die Effekte eines Dopamindefizits verstärkt und die ADHS-Symptome verschlimmern kann.

Die Rolle von Endorphinen bei ADHS

Endorphine = Opioide

Der Begriff Endorphin ist eine Wortzusammensetzung aus »endogene Morphine«, also im Körper selbst produzierte, Morphium verwandte Substanzen. Diese, überwiegend im Bereich der Selbstbelohnungssysteme, aber auch bei veränderter Schmerzwahrnehmung und anderen emotionalen Zuständen im Gehirn produzierten Substanzen, spielen auch im Zusammenhang mit der Entstehung von Suchterkrankungen oder Hyperaktivitäts- und Aufmerksamkeitsstörungen eine Rolle. Die chemischen Hintergründe des ganzen Systems werden beispielsweise von Mehl (2021), Egner, Tebelmann und Winkler (alle in Gansloßer, 2023) ausführlicher beschrieben. Innerhalb des Selbstbelohnungssystems in unserem Gehirn gibt es aus psychiatrischer und neurochemischer Sicht zwei Untersysteme: einerseits das eher aktive Wollen, Streben und Lechzen (Wanting), andererseits das eher mit passiven Wohlfühlelementen und Zufriedenheit verbundene Mögen (Likeing). Während das Wollen-System überwiegend mit den Katecholaminen – also Noradrenalin, Dopamin und vergleichbaren Substanzen – verbunden ist, basiert neurochemisch das Mögen vorwiegend auf den Opioiden, den Endorphinen. Jedoch ist die Endorphinausschüttung nicht nur mit passiven Zuständen von Zufriedenheit verknüpft. Während einer gleichmäßigen, rhythmischen Bewegung wird irgendwann neben dem aktivierenden Botenstoff des Dopaminsystems auch eine spezielle Art von Endorphinen zusätzlich ins System gebracht. Sie erzeugen dann den sogenannten Läuferrausch. Diese Zustände entstehen beim Menschen erst nach einem ca. 12–14 Kilometer langen Dauerlauf, also irgendwann zwischen 10.000 Meterlauf und Halbmarathon. Bei Hunden dagegen, und das unterscheidet Hunde beispielsweise auch von Katzen oder Frettchen, werden bereits nach 3–4-minütigem Dauerlauf auf dem Laufband solche Substanzen ausgeschüttet (Radosevich et al., 1989). Der entstehende Rauschzustand dient dann beispielsweise auch der Linderung von Schmerzwahrnehmung und führt gleichzeitig zu einem immer wieder erstrebenswerten geistigen Hochzustand. Ein Dauerläufer, der plötzlich zum Beispiel aus Verletzungsgründen nicht mehr trainieren kann, geht in einen durchaus dem kalten Drogenentzug vergleichbaren Leidenszustand, was übrigens Angehörige von solchen Menschen auch schildern und darunter mitleiden. Schilderungen aus Schlittenhund- oder Windhund-Nothilfeorganisationen beschreiben ähnliche Zustände dann, wenn der vorher auf der Rennbahn regelmäßig in den Läuferrausch gekommene Hund jetzt plötzlich auf der Pflegestelle zum Couchpotato werden soll.

Die feine Balance zwischen den aktivierenden und den eher zufriedenstellenden Botenstoffen, also den Katecholaminen, dem Serotonin und den Endorphinen, ist bei verschiedenen Individuen aus noch nicht ganz genau bekannten Gründen unterschiedlich eingestellt. Auch aus diesem

Grunde werden nicht alle, seien es Menschen oder andere Tiere, in gleicher Weise suchtkrank. Und nicht alle können sich durch Selbstbeherrschung und Impulskontrolle in bestimmten Situationen zurückhalten.
Im Zusammenhang mit den genetischen und auch lebensgeschichtlichen Risikofaktoren für die Entstehung einer Aufmerksamkeits- und Hyperaktivitätsstörung sind also auch die Feinregulationsmechanismen der Opioide (= Endorphine) und der Botenstoffe des Stresssystems gleichermaßen als Hintergrund zu betrachten.

Beteiligte Gene

Gene sind eine Art »Programmierung« unseres Körpers. Dabei ist zumeist nicht ein einzelnes Gen für die Entstehung einer Krankheit zuständig, sondern ein Zusammenspiel aus verschiedenen Genen (Schandry, 2016). Gene sind bestimmte Abschnitte der DNS bzw. DNA, die in unserem Erbgut liegen und wichtige Informationen für die Funktionen des Körpers enthalten. Man kann sich das ganze wie eine Art Kochbuch vorstellen. In unserem Kochbuch (DNS) finden wir verschiedene Rezepte (Gene). Diese bestimmen beispielsweise äußere Faktoren wie die Fellfarbe, beeinflussen aber auch Funktionen wie den Transport oder die Wiederaufnahme von Neurotransmittern.

Foto: Vet Lässig

Bei Hunden lassen sich bisher zwei Gene identifizieren, die mit ADHS-ähnlichem Verhalten in Verbindung gebracht werden können:

Dopaminrezeptorgen (DRD4)

DRD4 ist ein Dopaminrezeptor, der sowohl für Dopamin als auch Noradrenalin sensibel ist. Schon in der ADHS-Forschung beim Menschen werden verschiedene Genvarianten dieses Rezeptors mit ADHS assoziiert (Rowe et al., 2001, Leviatan et al., 2004). Jedes Individuum trägt im Normalfall von einem Gen zwei Varianten in sich (eines von der Mutter und eines vom Vater weitergegeben). Wan und Kollegen (2013) untersuchten DRD4 bei

Sibirischen Huskys und gruppierten die Genvarianten in kurze und lange Gene. Sie fanden heraus, dass Hunde, die eine kurze Genvariante des DRD4 besaßen, in Verhaltensuntersuchungen eine höhere Aktivität zeigten. Dies wurde auch durch Fragebogenergebnisse gestützt, in denen Hunde mit kürzeren Genvarianten höhere Aktivitäts- und Impulsivitätswerte aufwiesen, als Hunde mit der langen Genvariante. Dieses Gen wurde auch von Hejjas und Kollegen (2007) an deutschen Schäferhunden untersucht. Dabei wurde unterschieden, ob diese Hunde Familienhunde oder Diensthunde waren. Hunde, die in dieser Studie ein bestimmtes Allel aufwiesen (3A) hatten höhere Werte in Bereichen der Hyperaktivität und Defizite in der Aufmerksamkeit.

Tyrosin Hydroxylase (TH)

TH ist ein Enzym. Es ist essenziell für die Produktion von Dopamin, da es dessen Vorstufe L-DOPA herstellt. Somit beeinflusst es auch die Produktion von Noradrenalin, welches als Produkt aus Dopamin gewonnen werden kann (Nieoullon, 2002). In Studien aus der Humanforschung wurde zwar bisher kein direkter Zusammenhang zwischen TH und ADHS festgestellt (Comings et al., 1995; Barr et al., 2000; Payton et al., 2001), doch gibt es Zusammenhänge zu ängstlichem Verhalten oder »Neurotizismus«. Neurotizismus beschreibt eine überdauernde Tendenz Lebensereignisse als negativ zu empfinden und schneller zu Gefühlen wie Angst, depressiver Stimmung oder Ärger zu neigen (Tackett & Lahey, 2016). Da ADHS mit Neurotizismus in Verbindung gebracht werden kann (Nigg et al., 2002), können wir somit auch von einem indirekten Zusammenhang zwischen TH und ADHS ausgehen.

Von TH gibt es verschiedene Genvarianten, wir unterscheiden diese in lange und kurze Gene. Beim Menschen wurden jedoch schon deutlich mehr Gene untersucht und konnten auch mit ADHS in Verbindung gebracht werden. Eine Übersicht möglicher Kandidatengene, welche auch für Hunde in der zukünftigen Forschung interessant werden können, ist in Kapitel 8 zu finden.

Epigenetik

Des Weiteren sollte die Epigenetik berücksichtigt werden. Sie beschreibt den Effekt, dass unsere Umwelt die Aktivität unserer Gene beeinflussen kann, ohne an der DNS-Sequenz selbst etwas zu ändern. Über Epigenetik werden verschiedene Gene so verändert, dass sie besser oder schlechter genutzt werden können (Carlberg & Molnár, 2023). Gehen wir zu unserem Beispiel zurück, so bedeutet das, dass manche Seiten unseres Kochbuchs beispielweise zugeklebt werden und an manche ein Post-It gehängt wird, sodass man die einen weniger gut und die anderen umso besser nutzen kann. Solche Veränderungen können von den Eltern an ihre Nachkommen weitergegeben werden oder durch externe Einflüsse in den eigenen Genen entstehen (Carlberg & Molnár, 2023). Auch dadurch können Unterschiede im Verhalten oder der Kognition begründet sein.

Strukturelle Veränderungen des Gehirns bei AHDS

In einer bildgebenden Studie von Hoogman und Kollegen (2017) zeigt sich, dass bestimmte Gehirnstrukturen bei Menschen mit ADHS verändert sind. Es finden sich hauptsächlich Veränderungen in Arealen, die für Aufmerksamkeit, Impulsregulation, exekutive Funktionen und das Belohnungssystem zuständig sind. Folgende Ergebnisse sind aus Studien bei Menschen abgeleitet, doch es ist davon auszugehen, dass diese auch auf den Hund übertragbar sind, da die neurologischen Mechanismen sehr ähnlich zu sein scheinen (Miklósi et al., 2004). Allein dadurch, dass diese Veränderungen gefunden wurden, verstärkt es erneut den Aspekt, dass ADHS eine neurologische Störung ist. Das sollten wir uns gerade im Umgang mit unseren Hunden, aber auch mit unseren Mitmenschen immer wieder bewusst machen.

Bei ADHS kommt es in verschiedenen Gehirnregionen zu einer verminderten Größe bzw. einem verminderten Volumen. Diese Veränderungen zeigen sich gehäuft bei Kindern und sind im Erwachsenenalter nicht mehr festzustellen. Dies unterstützt die Hypothese, dass ADHS mit einer verzögerten Reifung des Gehirns einhergeht und die Symptome im jüngeren Alter häufig stärker ausgeprägt sind. Im Erwachsenenalter gleicht sich diese Verzögerung dann immer mehr aus. Es wurde kein Unterschied bei Menschen mit oder ohne medikamentöse Behandlung gefunden. Das reduzierte Volumen findet sich in der Amygdala, dem Nucleus accumbens, dem Hippocampus, aber auch dem Striatum, dem Putamen und Caudatum. Alle diese Bereiche haben wir auch bei den Transmitterveränderungen schon mal behandelt.

Die Amygdala ist für die emotionale Regulation zuständig und steuert darüber die Angstreaktion, Impulskontrolle und auch soziales Kommunikationsverhalten (Bear et al., 2018). Ist hier das Volumen reduziert, so ist die Funktionalität eingeschränkt. Unsere Hunde können dementsprechend schlechter mit Frustration umgehen, was zu impulsivem und aggressivem Verhalten führen kann, und die sozialen Interaktionen – sowohl mit Menschen als auch mit anderen Hunden – werden beeinträchtigt.

Der Nucleus accumbens als Teil des Belohnungssystems steuert motivationale Handlungen, die Bewertung von Reizen und die Priorisierung von Zielen (Pinel & Pauli, 2017). Eine verlangsamte Reifung kann hier dazu führen, dass die Fähigkeit des Aushaltens von einem Belohnungsaufschub weniger ausgeprägt ist. Es fällt ihnen schwer, ihre Motivation über längere Zeit aufrecht zu erhalten.

Der Hippocampus ist hauptsächlich für die langfristige Speicherung von Erinnerungen zuständig und dafür, dass wir uns in unserer Umwelt orientieren können (Schandry, 2016; Pinel & Pauli, 2017). Kommt es in diesem Bereich zu einer Volumenänderung, so kann dies damit einhergehen, dass ein Hund länger braucht, um ein Signal wirklich zu festigen. Durch Einschränkungen in der Orientierung kann es sein, dass ein Hund länger braucht, sich an neue Orte zu gewöhnen. Alles kann schneller zu einer Reizüberflutung führen. Dein Hund kann dementsprechend schneller überfordert sein.

Das Striatum mit dem Putamen und Nucleus caudatus ist beteiligt an der Steuerung von Belohnung, Motivation und Bewegung. Dazu zählt auch die Verknüpfung des eigenen Verhaltens mit einer Konsequenz (Pinel & Pauli, 2017). Kommt es zu Entwicklungsverzögerungen, können Lernprozesse verlangsamt sein, worauf im Training geachtet werden sollte.

Zusammenfassung

Strukturelle Veränderungen des Gehirns bei ADHS betreffen insbesondere Regionen die für Aufmerksamkeit, Impulsregulation, exekutive Funktionen und das Belohnungssystem verantwortlich sind. Studien zeigen bei Kindern mit ADHS ein vermindertes Volumen in der Amygdala, dem Nucleus accumbens, dem Hippocampus, dem Striatum sowie dessen Unterstrukturen Putamen und Caudatum. Dies führt u. a. zu Problemen bei der emotionalen Regulation, Frustrationstoleranz, Impulskontrolle und sozialen Interaktionen. Dies liegt an einer Entwicklungsverzögerung, die sich erst im Erwachsenenalter ausgleichen kann.

Foto: Stephan Klement

KAPITEL 3

Zur Abgrenzung von haltungs- und erziehungsabhängigen Problemen

Zur Abgrenzung von haltungs- und erziehungsabhängigen Problemen

Eine ganze Reihe von angeblich als hyperaktiv oder aufmerksamkeitsgestört vorgestellten Hunden haben letztlich ihre Probleme eigentlich in den Haltungsumständen, in fehlerhaftem oder nicht erfolgtem Training oder in mangelnder Umweltsozialisation. Hierzu sind auch in der einschlägigen Literatur eine Reihe von Problemen identifizierbar.

Überforderung

Durch zu viele Aktivitäten, beispielsweise ein zu intensives Trainings- und Beschäftigungsprogramm, können Hunde, vor allem wenn sie ohnehin eher der Dopamin gesteuerten Gruppe angehören, in eine wahre Aufwärtsspirale des immer stärkeren Such- und Suchtsystems gebracht werden. Die Vorstellung darüber, was ein Hund normalerweise im Alltag so tut, werden leider immer noch vom sogenannten lupomorphen Wolfsmodell abgeleitet, wo »man ja weiß«, dass Wölfe hunderte von Kilometern wandern, tausende Quadratkilometer große Reviere haben und auf der Jagd nach Beutetieren 1 bis 1,5 Tage am Stück unterwegs wären. Abgesehen davon, dass diese Werte Spitzenwerte und keine Durchschnittswerte von »typischen« Wolfspopulationen sind, trifft es nun mal auf unsere Haushunde nicht mehr zu. Unsere Haushunde sind, wie einschlägige Studien (vergleiche Gansloßer und Kitchenham, 2019; Kitchenham, 2020; Mertes und Gansloßer, 2023) zeigen, mit 60–80 % Nichtstun am Tag beschäftigt. Die wirklich hektischen, überschäumend temperamentvollen Aktivitäten spielen sich in der Regel in mehreren kurzen, nicht umsonst als »verrückte 5 Minuten« bezeichneten Episoden mit einer Gesamtdauer von ca. 30 Minuten pro 24 Stunden ab. Eine weitere, ebenfalls vielfach in Trainings- und Sportmaßnahmen falsch gewichtete Beschäftigungsproblematik ergibt sich dann, wenn man die Aktivitäten der Hunde auf die verschiedenen Funktionskreise aufteilt. (Siehe dazu die Erklärung von Sarah Mertes ab Seite 54)

Eine zu heftige Beschäftigung führt eben gerade beim Workaholic-Hund, der mit Dopamin gesteuerten Hirnschaltkreisen ausgestattet ist, zu einer verstärkten Aktivierung des Such- und Suchtsystems, genauer gesagt des sogenannten Wantings, also des Wollens-Systems. Dieses, mit Dopamin und verschiedenen Endorphinen arbeitende System wird dadurch immer stärker aufgewertet und zu einer immer verstärkten Suchaktivität auch programmiert. Die Dopaminwirkungen bestehen schon in einer vorausschauenden Vorfreude. Robert Mehls Lehrbuch über die Psyche des Hundes (2021) erklärt dies sehr anschaulich und nachvollziehbar.

Spiel und Interaktionen zwischen Kind und Hund können Wunder bewirken.
Doch sollten sie auch immer von Erwachsenen begleitet werden, falls es doch mal zu wild wird.
Foto: ©PeopleImages.com - Yuri A/Shutterstock.com

Ein sehr häufig erkanntes und auch durchaus in wissenschaftlichen Studien (z.B. Kubinyi et al., 2009) kommuniziertes Problem ist die Anwesenheit von Kindern im Haushalt. Unbestreitbar ist, dass Hunde und Kinder eine sehr gute und vor allem sehr positive Wirkung auf beide Beteiligte haben können. Genauso wichtig ist aber, dass gerade die Anwesenheit von Kindern auch mit Ruhezonen, Tabuzonen und Ruhezeiten für den Hund verknüpft wird. Auch die Kinder müssen verstehen, dass der Hund diese langen und intensiven Ruheperioden auch während des Tages braucht.

Bisweilen (siehe Gansloßer und Krivy, 2015) wird auch die Herkunft eines Hundes aus einem sehr großen Wurf (rund gerechnet mit mehr als 7 Welpen) als Risikofaktor für eine Hyperaktivität benannt, auch wenn nur wenige systematische, statistisch abgesicherte Studien dazu vorliegen. Allgemeine Züchter- und Trainererfahrung ist es allemal. Gerade dann, wenn bei der Fütterung der Welpen während der Umstellung auf feste Nahrung vom Züchter/in nicht darauf geachtet wird, allen Welpen gleichermaßen Zugang zum Futter zu ermöglichen, können daraus Probleme

nicht nur mit Futteraggression, sondern eben auch mit einer verstärkten Such- und Suchtaktivität entstehen.

Unterforderung

Ebenso problematisch ist jedoch auch eine Unterforderung. Gerade die Tatsache, dass Hunde hochstehende geistige Leistungsfähigkeit besitzen und eben keineswegs einfach nur rennen, sondern auch ihren Grips beschäftigen wollen, wird häufig falsch verstanden. Wenn auslösende Situationen für ein – zum Teil wenigstens – innenmotiviertes Verhalten nicht vorliegen, kommt es zu verstärktem sogenannten Appetenzverhalten (Vergleiche Gansloßer, 2020), also der gezielten Suche nach diesen auslösenden Situationen. Das Appetenzverhalten wiederum ist dann aber zum Teil schon selbstbelohnend, vor allem dann, wenn es mit schnelleren regelmäßigen Bewegungen und/oder verstärkter Schnüffelaktivität verknüpft ist. Denn diese beiden Bewegungsabläufe wiederum aktivieren das Dopaminsystem.

Unabhängig von der Reizarmut in der momentanen Umgebung ist jedoch gerade hier auch ein Risikofaktor in der Entwicklung, insbesondere in den sensiblen Phasen der Jugendentwicklung (3.–4. Lebensmonat, 2. Hälfte des ersten Lebensjahres) zu befürchten. Nicht jeder Hund, der unter unzureichenden Bedingungen aufwächst, hat ein Deprivationssyndrom. Auch hier zeigt Robert Mehl (2021), wie häufig dieser Begriff falsch verwendet wird. Ein echtes Deprivationssyndrom ist gegeben, wenn der Hund mit praktisch nicht vorhandenen Erfahrungen, vergleichbar den früher in der Verhaltensbiologie durchgeführten Kasper-Hauser-Versuchen, aufwuchs, beispielsweise im dunklen Kartoffelkeller, in der Kiste unter dem Tisch auf dem Balkon oder in einer absolut sterilen, ohne Einrichtung ausgestatteten Zwingeranlage im Innenhof eines ehemaligen Fabrikgeländes. Die meisten Hunde, denen Deprivationssyndrome unterstellt werden, sind einfach nur unzureichend oder fehl geprägt, das heißt, sie haben Informationen aus der Umwelt bekommen, diese passen aber nicht zu der Ge-

gend, in der sie später leben sollen. In solchen Fällen kann es sehr wohl über das Appetenzverhalten der aktuellen Situation hinaus zu übermäßiger Aktivität kommen. Nachweislich sind solche Hunde auch besonders für Bewegungsstereotypien und andere, selbstbelohnende Aktivitäten anfällig.

Mangelnde Förderung in frühen Entwicklungsphasen

Durch mangelnde Sozialisationserfahrungen und unzureichende Förderung in der sensiblen Welpen- und Junghundzeit, können die als Exekutivfunktionen bezeichneten höheren geistigen Leistungen nicht ausreichend im Gehirn verdrahtet worden sein. Zu den Exekutivfunktionen gehören beispielsweise die erregungsdämpfenden Nervenverbindungen, die aus der Großhirnrinde in die tiefergelegenen motorischen oder emotionalen Regionen des Gehirns führen. Zu den Exekutivfunktionen gehören aber auch beispielsweise das Kurzzeitgedächtnis, die Fähigkeit zum Handlungs- und Belohnungsaufschub (also auch ein Warten können in einer schwierigen Situation) oder auch die Leistungsfähigkeit des Arbeitsgedächtnisses. Gerade im Zusammenhang mit Handlungs- und Belohnungsaufschub, also dem mehr oder weniger geduldigen Abwarten vor einer auslösenden Situation, ist das Arbeitsgedächtnis nämlich sehr wichtig. Nur, wenn man sich über einen Zeitraum von mehreren Sekunden bis mehrere Minuten an eine vorangegangene Situation erinnern kann, ist man in der Lage, beispielsweise auf ein auslösendes oder auch beendendes Kommando des Menschen zu warten. Diese Fähigkeiten müssen ebenfalls gezielt –

und zwar in einer guten Welpen-Kompetenzschule – anerzogen und immer wieder auch erfolgsabhängig bestätigt werden. Übungen wie zum Beispiel ein ruhiges Warten können, der Umgang mit unlösbaren Situationen durch Hilfe anfordern beim Menschen, aber auch andererseits das ausdauernde Arbeiten an einer lösbaren Situation, müssen im Rahmen der Welpen- und Junghund-Erziehungskurse einen wesentlich größeren Beitrag leisten als das sture, auf Fertigkeiten und eingeübten Handlungen beruhende Sitz, Platz und Fuß gehen. Viele Menschen verstehen das aber eben leider immer noch als hauptsächlichen Bestandteil eines Grunderziehungskurses. Genauere Anleitungen dazu finden sich beispielsweise bei Hinte-Breindl et al. (2023), wobei sehr wichtig ist, dass nicht nur die Hunde, sondern auch die Menschen Kompetenzen erwerben (beispielsweise ein gutes Beobachten des Ausdrucksverhaltens oder des Erregungszustandes ihres Hundes in speziellen Situationen).

Hochsensibilität

Das ist eine in den letzten Jahren vertieft behandelte Thematik bei Hunden: Gibt es auch hochsensible Hunde? Genau wie beim Phänomen der Hochsensibilität des Menschen (s. Winkler, im Druck 2026) ist auch bei Hunden eine Hochsensibilität in Form einer erhöhten Ansprechbarkeit bzw. Anfälligkeit für Umweltreize, eine verstärkte bis überschießende Reaktion auf solche Reize und auch einer erhöhten Empfindlichkeit für besonders starke Reizintensitäten zu beobachten. Studien zum Thema Hochsensibilität bei Hunden sind in den letzten Jahren erstmals veröffentlicht worden. Im Wesentlichen müssen derzeit noch Schlussfolgerungen aus dem Umgang mit hochsensiblen Menschen bis zum Beleg des Gegenteils auf Hunde übertragen werden.

So ist es zum Beispiel wichtig, den Hunden Zeit zu geben, um eine neue Erkundung erst einmal langsam und in eigener Zuständigkeit anzugehen. Wichtig ist auf Ruhe- und Schlafphasen sowie auf Ruhe- und Rückzugsorte zu achten und diese auch zu respektieren. Ein strukturierter Tagesablauf hilft und unterstützt. Oftmals reagieren die Hunde gut auf Körpertherapie. Bei Medikamenten (ein wichtiger Hinweis für die tierärztliche Behandlung) reichen oft schon niedrigere Dosierungen. Ein ruppiger Umgang, zum Beispiel während der Pubertät, sollte möglichst bei solchen Hunden vermieden werden.

Auch wenn, wie einschlägige Untersuchungen zeigen, hochsensible Menschen nicht unbedingt eine besondere Hochsensibilität bei ihren Hunden zu bewirken scheinen, ist eine gegenteilige Zusammenstellung (hochsensibler Hund mit wenig sensiblen Menschen) eher ein Risikofaktor für eine verstärkte Verhaltensproblematik auf der hundlichen Seite. Eine unterstützende, positive Umwelt wirkt sich auf hochsensible Hunde nachweislich besser aus und reduziert die Wahrscheinlichkeit von Verhaltensproblemen.

Foto: Stephan Klement

Foto: privat

Sarah Mertens zum Thema Auslastung

Als Biologin (B.Sc.) und Hundetrainerin arbeite ich seit fast 7 Jahren eng mit Menschen und Hunden zusammen – immer an meiner Seite meine eigene treue Begleiterin »Nala«. Meine Motivation ist es, wissenschaftliche Erkenntnisse verständlich und praxisnah aufzubereiten, damit Hundehalter ihre Tiere besser verstehen und eine tiefere, liebevolle Verbindung aufbauen können.

»Wie kann ich meinen Hund auslasten?«, das ist eine zentrale Frage, die mir als Hundetrainerin gestellt wird.
Leider ist genau dieser Begriff die Ursache für viele Probleme, die im Zuge einer vermeintlichen artgerechten »Auslastung« entstehen. Was bedeutet Auslastung überhaupt? Der Begriff Auslastung beschreibt das Verhältnis zwischen der tatsächlich genutzten Kapazität und der theoretisch verfügbaren Kapazität eines Systems, einer Maschine, eines Mitarbeiters oder einer Organisation in einem bestimmten Zeitraum. Der Begriff Auslastung wird meist in einem wirtschaftlichen System verwendet, damit sich die Ausgaben für Maschinen, Mitarbeiter oder andere Systeme z.B. für eine Firma wirtschaftlich rechnen. Um das noch einmal zu unterstreichen: Wollen Sie wirklich Ihren Hund »auslasten«, damit er sich bezahlt macht?

Was viele Menschen eigentlich mit der Frage nach der Auslastung meinen, so hoffen wir zumindest, ist, dass sie sich Fragen, wie sie ihren Hund am besten so beschäftigen, dass er ihnen die Möbel nicht aus Langeweile anfrisst und ein zufriedener Begleiter im Familienalltag ist.

Wie genau stelle ich meinen Hund wirklich zufrieden? Um zu wissen, was Hunde wirklich zufriedenstellt, schauen wir uns gerne an, wie Hunde ohne den Einfluss von Menschen leben. Das

kann man am besten an Straßenhunden beobachten. Denn auch wenn man es gar nicht glauben mag, leben ca. 85 % der Hunde weltweit tatsächlich ohne menschliche Obhut (Gansloßer & Kitchenham, 2019).

Schauen wir uns diese Hundepopulationen genauer an, dann können wir beobachten, dass diese Hunde einen großen Teil ihres Tages mit Schlafen und Ruhen verbringen. Studien zeigen, dass die Größe eines Streifgebiets gerade einmal 12 Quadratkilometer beträgt, wobei hier auch eine Schwankung von etwa 6 Kilometer beobachtet wird. Das bedeutet, dass diese Hunde eher gemütlich umherstreifen, statt lange ausgedehnte Spaziergänge in ihren Tag einzuplanen. Tatsächlich beschreiben die meisten Forscher, die Straßenhunde über einen längeren Zeitraum beobachten, sie eher als faule und gemütliche Lebewesen. Genau solche Studien konnten auch zeigen, dass die wenigsten Straßenhunde wirklich auf die Jagd gehen, sondern sich hauptsächlich von Aas, Müll und Pflanzen sowie kleinen Insekten ernähren. Einen weiteren großen Teil des Tages verbringen Straßenhunde im sozialen Kontext z.B. mit Fellpflege, Kontaktliegen oder Spielen mit Artgenossen. Das machen sie bis ins hohe Alter. Der Funktionskreislauf des Sozialverhaltens scheint demnach besonders wichtig zu sein.

Bedeutung von Funktionskreisen
Funktionskreise beschreiben bestimmte Klassen von Verhalten, die einer biologischen Lebensfunktion dienen, wie z.B. der Funktionskreis der Jagd, der Fortpflanzung, des Spiels oder auch des Schlafs.

Der ethologische Standardbegriff **Funktionskreis** umfasst alle Verhaltensweisen, die einem bestimmten Zweck dienen und in einem bestimmten Verhaltenssystem zusammengefasst werden. Einfacher gesagt, handelt es sich um eine Zusammenfassung von mehreren Verhaltensweisen, die dasselbe Ziel verfolgen. Ziele sind z.B. Nahrungserwerb, Fortpflanzung, Jungtierbetreuung und Sozialverhalten. Um diese Ziele zu erreichen, sind mehrere Verhaltensweisen nötig, daher gehören zum Funktionskreis Nahrungserwerb nicht nur das Packen und Erlegen der Beute, sondern auch das Aufstöbern, Hetzen, Töten, Zerlegen, Fressen und sogar ggf. die Ausscheidung unverdauter Reste (Tembrock, 1983).

Spannend wird es jetzt, wenn wir mit diesem Wissen auf das aktuell hauptsächlich angebotene Repertoire von Hundeschulen schauen. Was glauben Sie? Welchen Funktionskreis sprechen wir mit Fährtensuche, Dummyarbeit, Treibball, Flyball, Dog-Frisbee und teilweise auch Agility an?

Wie bereits zu Beginn angesprochen, hat der Anteil des Funktionskreises Nahrungserwerb einen sehr niedrigen Anteil in der Tagesplanung eines Straßenhundes und trotzdem finden wir kaum Hundeschulen, die das in ihren Beschäftigungskursen berücksichtigen. Das Problem: Hunde sind keine kleinen Wölfe! Betrachten wir das Tagesbudget von Straßenhunden genauer, wird deutlich, dass Hunde nur etwa 12 % ihres Tages auf Wanderungen sind, um z.B. Nahrung zu suchen. Die Hauptaktivität wird dem Sozialverhalten gewidmet.

Wie finde ich unter Berücksichtigung der Funktionskreise eine geeignete Beschäftigung für meinen Hund?
Als erstes sollte der Fokus mindestens das erste Jahr im Zusammenleben mit Ihrem Hund auf der Erziehung und Bindung liegen. Sie bilden das Fundament dafür, dass Sie einen entspannten Hund im Alltag haben. Dazu gehört auch zu lernen, Ruhe zu halten, Frustrationstoleranz und Impulskontrolle zu erlernen. Von dieser Basis ausgehend, sollten Sie mit Ihrem Hund Qualitätszeit genießen. Qualitätszeit ist die Zeit, die Sie aktiv Ihrem Hund widmen, dabei können Sie sich zu einem großen Teil an Aktivitäten orientieren, die den Funktionskreis Sozialverhalten ansprechen.
Welche Aktivitäten sprechen den Funktionskreis Sozialverhalten an?

Echtes Sozialspiel
Echtes Sozialspiel hat nichts mit sogenannten Pseudospielen, wie Ballwerfen oder Frisbee, zu tun. Ein echtes Sozialspiel erkennen Sie daran, dass kein Ziel verfolgt wird, es stets freiwillig stattfindet und Verhaltensweisen aus verschiedenen Funktionskreisen im Wechsel auftreten. Meistens finden Sozialspiele in einer vertrauten Umgebung mit einem bekannten Spielpartner statt.
Wie gestalten Sie ein solches Spiel mit Ihrem Hund?

Zunächst einmal ist es wichtig, dass Sie sich Zeit nehmen und möglichst auch selbst bei der Sache sind.

- Der Einstieg ins Spiel kann durch sogenannte Spieleinladungen erfolgen. Bei Hunden erkennen wir diese Einladung z.B. durch eine Vorderkörper-Tiefstellung, auch ›Spielverbeugung‹ genannt. Eben diese Position können auch wir Menschen nachahmen. Auch schleichende Bewegungen oder mit den Händen über den Boden krabbeln kann einladend für ein Spiel sein.
- Alternativ kann als erster Eisbrecher auch ein Objektspiel Ihren Hund in Stimmung bringen, z.B. indem Sie ein Zergel, wie eine Beute, langsam und dann immer schneller von Ihrem Hund wegbewegen und ihn die Beute dann immer mal wieder auch packen lassen.

Denn der Mythos, dass Zerrspiele aggressiv machen, ist und bleibt ein Mythos! Im Spiel gibt es immer einen Wechsel zwischen Gewinnen und Verlieren, so bleibt die Freude am Spiel erhalten. Ein Zerrspiel kann als erstes Initialspiel dienen, um dann ins echte Sozialspiel ganz ohne Objekte überzugehen.

- **Wichtig:** Bleiben Sie beim Spielen mit Ihrem Hund auf Augenhöhe, machen Sie sich klein, zeigen Sie sich auch mal verletzlich, indem Sie z.B. ein Handicap vortäuschen. Auch das sehen wir häufig bei der Beobachtung von echtem Sozialspiel unter Hundeartigen, wo z.B. große Hunde sich von kleineren schwächeren Hunden auf die Seite werfen lassen.
- Das Spiel initiiert nicht immer nur der Mensch. Auch Ihr Hund darf Ihnen eine Spielaufforderung geben, auf die Sie eingehen können. Richtig verstanden, Sie zeigen damit keine Schwäche, wenn Sie sich auf ein Spiel mit Ihrem Hund einlassen, sondern werden als wertvoller Bindungspartner gesehen. Sollten Sie mal keine Zeit haben, ist es jedoch genauso legitim, die Spielaufforderung abzulehnen und auf später zu verschieben, nur so lernt Ihr Hund ein harmonisches Miteinander.

Kontaktliegen und Kuscheln

Wie vorab schon erwähnt, ist das Kontaktliegen ein Zeichen von Bindung. Kontaktliegen bedeutet nicht zwangsweise, dass Sie und Ihr Hund sich berühren, sondern zeigt sich auch, wenn Sie sich in der Nähe Ihres Hundes aufhalten. Gemeinsame Pausen auf dem Spaziergang, wo Sie auf einer Bank sitzen und Ihr Hund neben Ihnen die Nase in den Wind hält, sind ebenfalls Qualitätszeit und sprechen den Funktionskreis Sozialverhalten an. Nicht jeder Hund mag es, viel gestreichelt und gekuschelt zu werden; besonders Hunden, die schnell gestresst sind oder aufgrund ihrer Genetik schon einen höheren Cortisol-Spiegel haben, können sogenannte Stand-by-Übungen zur echten Entspannung verhelfen, wenn sie regelmäßig geübt werden.

Stand by Übung

- Setzen Sie sich auf einen Stuhl
- Ihr Hund sitzt oder steht vor Ihnen
- Legen Sie beide Hände unterhalb des Halses Ihres Hundes und streicheln Sie sehr sehr langsam bis runter zu den Pfoten (Achtung: Manche Hunde sind an den Pfoten empfindlich, hier reicht es dann, von den Schultern bis kurz vor die Knie zu streicheln)
- Wiederholen Sie diesen Vorgang 4–5-mal
- Wenn Ihr Hund aufsteht oder die Position verlassen möchte, holen Sie ihn wieder ruhig zurück. Denken Sie daran, dass Ihre Anspannung sich auf Ihren Hund übertragen kann.

Je ruhiger Sie bei der Übung sind, desto leichter fällt es auch Ihrem Hund, ruhig zu werden.

- Geben Sie Ihrem Hund nach der Übung mit ruhiger Stimme oder einem Handzeichen eine Freigabe

Man kann die Übung natürlich auch ohne Stuhl im Hocken oder auf dem Boden mit seinem Hund durchführen. Foto: Stephan Klement

Warum beruhigt diese Übung Ihren Hund?

Durch das langsame Streicheln übertragen Sie Ruhe und ein Gefühl der Entspannung auf Ihren Hund. Natürlich erfordert es einige Wiederholung, bis Ihr Hund wirklich diese Entspannung annimmt. Doch bei einer regelmäßigen Wiederholung kann langfristig die Entspannung gefördert werden und sogar im Alltag nach einer Stresssituation dazu beitragen, Ihren Hund schneller runterzufahren.

Verantwortlich für diesen Stressausgleich ist das Kuschelhormon Oxytocin, welches ein Gegenspieler des Stesshormons Cortisol ist. Beim langsamen, achtsamen Streicheln wird also nicht nur die Muskulatur Ihres Hundes beruhigt – auch hormonell passiert etwas sehr Wertvolles: Oxytocin wird sowohl beim Hund als auch beim Menschen freigesetzt, was die gegenseitige Bindung stärkt und für beide Seiten entspannend wirkt.

Neues Erkunden und gemeinsame Erfolgerlebnisse schaffen

Ein Spaziergang dient nicht nur dazu, ein physisches Bedürfnis Ihres Hundes zu stillen. Trotzdem glauben viele immer noch, je größer die Gassi-Runde umso besser. Doch was, wenn wir uns nochmal an die Straßenhunde erinnern, deren Streifgebiete vor allem dazu dienten, Nahrung zu suchen und weniger dazu, eine bestimmte Kilometeranzahl zu schaffen? Sehen Sie Spaziergänge eher als eine Möglichkeit, mit Ihrem Hund gemeinsam Neues zu entdecken und zu lernen, regen Sie das Kleinhirn an, indem Sie Ihrem Hund motorische Herausforderungen stellen, z.B. das Balancieren auf Baumstämmen oder das Kriechen durch Unterholz, etwas in einem Trümmerfeld zu suchen etc. Fördern Sie Ihren Hund in seinem Selbstvertrauen, indem Sie ihm Aufgaben stellen, die herausfordernd, aber möglich für ihn sind. Das ist es, was ihn kognitiv und auch körperlich wirklich fördert.

Beschäftigung durch Tricks und neue Kommandos

Hier noch ein Zusatz zum Thema Lernen von neuen Dingen: Lernen ist nur so lange eine kognitive Beschäftigung, bis Ihr Hund das neue Kommando, den neuen Trick beherrscht. Die Abfrage von Kommandos, die Ihr Hund schon kann, ist keine Form der Beschäftigung mehr und kann je nach Erregungslevel Ihres Hundes auch dazu führen, dass Ihr Hund durch die Ausführung in einen ähnlichen Dopaminrausch fällt, wie wenn er einem Ball hinterherjagt.

Fassen wir nun nochmal zusammen: Auslasten müssen Sie Ihren Hund nicht, sondern Sie müssen dafür Sorge tragen, Ihren Hund hundgerecht am Beispiel des Zeitbudgets der Straßenhunde zu beschäftigen. Beschäftigung bedeutet nicht, den Hund zu aktivieren, sondern eine Balance zu finden zwischen körperlicher und mentaler Beschäftigung.

Foto: ©OlgaOvcharenko/Shutterstock.com

KAPITEL 4

Rassen, ihre Aufgabenbereiche und andere Veranlagungen

Rassen, ihre Aufgabenbereiche und andere Veranlagungen

Als mögliche, zumindest mitauslösende oder bedingende Faktoren für die Entstehung einer Hyperaktivitäts-, Erregbarkeits- oder Aufmerksamkeitsstörung müssen wir uns auch der Vorgeschichte unserer heutigen Hunderassen widmen. Auch, wenn die Verhaltensunterschiede zwischen Rassen und auch innerhalb der Rassen in den vergangenen Jahren Gegenstand ausführlicher, wissenschaftlicher Erarbeitungen waren (z.B. McLean et al., 2019; Dutrow et al., 2022; Morrill et al., 2022 und andere), so wurden doch meistens übergeordnete Faktoren wie Erregbarkeit, allgemeine Aktivität und ähnliche Eigenschaften betrachtet. Diese Eigenschaften sind durchaus auch Bestandteil einer Hyperaktivitätsstörung. Jedoch ist nicht jeder erregbare Hund auch hyperaktiv, geschweige denn ein ADHS-Fall, wie wir im Kapitel über Diagnostik und Differenzialdiagnosen noch sehen werden.

Zudem haben Untersuchungen verschiedener Arbeitsgruppen (Svartberg, 2006; Fadel et al., 2016; Mirko et al., 2012) gezeigt, dass nicht so sehr die Zugehörigkeit zu einer Rasse, sondern einerseits die Zugehörigkeit zu einer Show- vs. Arbeitslinie, andererseits die Aufzucht in den ersten zwei Jahren erheblichen Einfluss auf Verhaltenseigenschaften und Verhaltensunterschiede haben. Gerade die Zugehörigkeit zu einer Showlinie, die nur auf Aussehen und wenig auf konkrete Verhaltenseigenschaften selektiert wurde, zeigte schon bei Kenth Svartberg eine Ansammlung eher negativer Verhaltenseigenschaften. Die positiven Eigenschaften, sei es Neugier, Verspieltheit oder Aggressionskontrolle, waren in den Showlinien wesentlich weniger ausgeprägt als in den Arbeitslinien. Bemerkenswert dabei ist, dass es gar nicht so sehr, zumindest in den vielen tausend von Kenth Svartberg untersuchten schwedischen Hunden, auf die frühere Geschichte der Rasse ankam. Einfach die Tatsache, dass man überhaupt einen Job als Hund hatte, reichte bereits aus. Nur die »erwerbslosen« Showlinien sammelten die unangenehmen Eigenschaften an, weil eben nicht gegen sie selektiert wurde. Noch differenzierter betrachtete das Team Fernanda Ruiz Fadel und Co-Autoren aus der Arbeitsgruppe von Daniel Mills diese Geschehnisse. Hier wurde die Impulsivität von Arbeits- gegenüber Showlinien von Border Collies und Labradoren untersucht. In beiden Fällen ging es um echte Arbeitshunde, nicht um solche aus der sportlichen Linie. Bei Impulsivität und Verhaltensregulation waren die Unterschiede zwischen Labrador und Border Collie deutlich statistisch signifikant, die Unterschiede zwischen Show- und Arbeitslinie waren beim Labrador nicht signifikant, beim Border Collie aber waren die Unterschiede statistisch abgesichert. Aber auch hier fand sich ein hohes Maß an Variation innerhalb der Rassen, was möglicherweise auch bei den Labradoren zu den statistisch nicht abgesicherten Unterschieden führte. Die Untersuchungen von Erika Mirko und ihrem Team aus der

Foto: Stephan Klement

Budapester Gruppe wiederum zeigten, dass selbst die Unterschiede zwischen Magyar Viszla gegenüber Deutschen Schäferhunden stärker von der Aufzucht und der Lebensweise in den ersten zwei Lebensjahren als von der Rassezugehörigkeit abhingen.

Die groß angelegte Untersuchung der Arbeitsgruppe rund um Evan McLean (2019) beruhte vor allem auf der Auswertung von vielen tausend Einträgen im C-BARQ-Fragebogen. Diese, ursprünglich von James Serpell an der Universität von Pennsylvania eingerichtete Datenbank ermöglicht es vielen Menschen, die Eigenschaften ihres Hundes dort einzutragen, sie bekommen dann eine Auswertung hinsichtlich einer ganzen Reihe von Persönlichkeitseigenschaften. Umgekehrt werden die Daten des Hundes, selbstverständlich anonym, für wissenschaftliche Vergleichsuntersuchungen herangezogen. Evan McLean und sein Team benutzten diesen Fragebogenbestand dann auch zum Aufspüren von rassetypischen Unterschieden (siehe Abbildung). Die Erblichkeit der Erregbarkeit zwischen den Rassen betrug durchaus 0,5-0,6, die Erblichkeit der Persönlichkeitseigenschaft »Energiegeladenheit« ebenfalls ca. 0,6. Erblichkeit bedeutet im züchtungsgenetischen Zusammenhang, wie viel Prozent der Unterschiede innerhalb

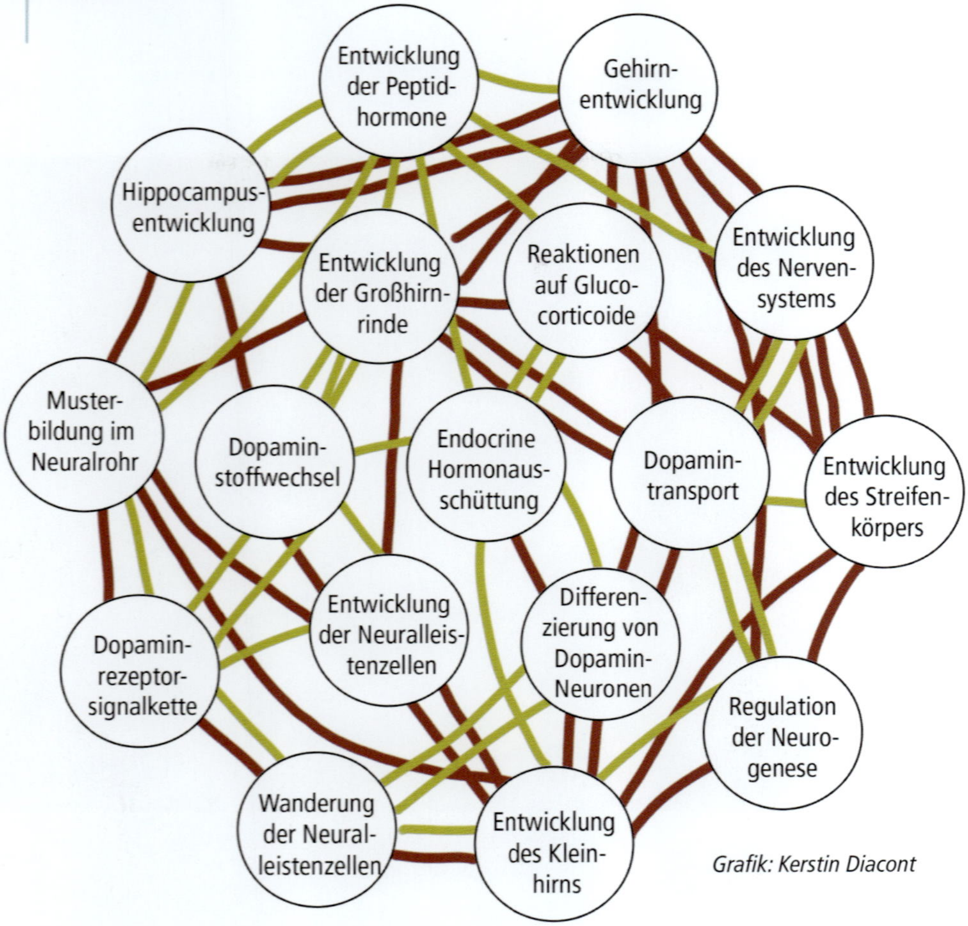

Grafik: Kerstin Diacont

eines Bestandes, einer Population oder anderer Vergleichsgruppe durch die Vorfahren erklärbar ist. Eine Erblichkeit von 0,5 (oder auch 50 %) bedeutet also, dass beim erregbarsten Hund mit 100 Punkten und beim wenigst erregbaren mit 0 Punkten genau 50 Punkte dieses Unterschiedes durch die Eigenschaften der Vorfahren erklärlich sind, die anderen 50 kommen durch Umwelt, Aufzucht, Erziehung oder auch Zufallsprozesse. Diese Werte von 50-60 % für Erregbarkeit oder auch für Energiegeladenheit sind durchaus für Verhaltenseigenschaften sehr bemerkenswert hoch. Innerhalb der Rassen jeweils liegen die Vergleichswerte der Erblichkeit jeweils unter 20 %. Die Untersuchungen von McLeans Team zeigen auch, dass es einige Gene gibt, die mit dem Faktor Energiegeladenheit verknüpft sind. Diese sind beim Menschen gleichzeitig mit der Pulsrate im Ruhezustand, dem Ausmaß der Tagesrastzeit oder der Schlafensdauer verknüpft. Auch die Gene, die beim Hund mit der Erregbarkeit korrelieren, sind beim Menschen mit der Pulsrate im Ruhezustand und dem Temperament verbunden. Die Netzwerkabbildung aus der Vergleichsarbeit lässt einige Zusammenhänge nochmals erkennen (siehe Abbildung oben).

Auch Ghitani Gnanadisikan und Co-Autoren (2020) untersuchten die Erblichkeit einiger für uns interessanter Eigenschaften zwischen den Rassen. Impulskontrolle hatte eine Erblichkeit von 0,5 bis über 0,8. Selbst eine gleichzeitige Kontrolle auf Größenabhängigkeit (siehe unten) reduzierte die Erblichkeitswerte nur auf ca. 50 %. Auch die Trainingsgeschichte des Hundes, also die Frage, ob er überhaupt Training oder Erziehung genossen hatte, reduzierte die Unterschiede nur auf 45 %. Auch hier also durchaus bemerkenswerte Werte.

Foto: Ines Arnshoff

Betrachten wir nun einige der Rasseunterschiede oder eben Jobabhängigkeiten im Stoffwechsel und in den sonstigen physiologischen Eigenschaften genauer.

Dopamin-Stoffwechsel

Zunächst gibt es sehr deutliche Unterschiede im Stoffwechsel des Dopamins, das wir vorher bereits in Korrelation mit Hyperaktivität und Erregungskontrolle kennengelernt haben, abhängig von der früheren Arbeitsweise einer Rasse. Bereits in den 1990er-Jahren befasste sich unter anderem die Arbeitsgruppe des amerikanischen Hundeforschers Ray Coppinger (zum Beispiels Aarons und Shoemaker, 1992) mit den Unterschieden zwischen Hütehunden (hier speziell meist Border Collies), Huskys und Herdenschutzhunden (hier meistens italienische Maremmanos oder serbische Sarplaninac). Selbst innerhalb der untersuchten Herdenschutzrassen fanden Aarons und Shoemaker sogar deutliche Unterschiede zwischen dem ungarischen Komondor und dem Pyrenäenberghund. Bemerkenswert für unsere Fragestellung war, dass die Ruhekonzentrationen des Dopamins im Gehirn der Workaholic-Rassen, also hier speziell der Border Collies, deutlich erhöht sind gegenüber denen im Ruhezustand der genannten Herdenschutzhundrassen. Simon Gadbois (Gadbois und Reeve, 2014) erweiterte die Betrachtungen noch auf andere Rassen bzw. Arbeitstypen. Dazu zählen zum Beispiel kleinere Terrier, Belgische Malinois und verwandte Rassen, die ebenfalls mit einem höheren Dopaminwert ausgestattet sind.

Parson Russell Terrier Einstein

Besonders Hütehunde, aber auch Terrier, haben eine schnellere neuronale Reizweiterleitung als andere Hunderassen. Das kann dazu führen, dass diese Hunde besonders aufmerksam sind und schneller zu einer Verhaltensreaktion neigen.

Foto: Jennifer Jakisch

In den genannten Unterschieden im Dopaminstoffwechsel gibt es auch Hinweise auf geänderte Serotoninkonzentrationen in Korrelation mit Verhaltenseigenschaften. In ihrer großen Übersichtsarbeit von 2014 haben Lindsay Mehrkam und Clive Wynne zum Beispiel Daten über verringerte Serotoninwerte im Gehirn von Cocker Spaniels mit Aggressions- und Aktivitätsproblemen dargelegt.

Neben den Konzentrationen der Botenstoffe ist, insbesondere in der Vergleichsstudie von Emily Dutrow und Coautoren, 2022, noch eine weitere, sehr bemerkenswerte besondere Eigenschaft der von ihr untersuchten Hütehunde gefunden worden: Im Gehirn der untersuchten Hütehunde zeigte sich eine Veränderung, nämlich eine Effektivierung und Verschnellerung der Reizleitungseigenschaften. Sowohl die Auswachsungsrichtung, die Leitungskapazität und die Verknüpfung mit Synapsen, also den Endpunkten zur elektrischen Übertragung auf die Nachbarzelle, war bei den Hütehundrassen deutlich verbessert. Man könnte also davon ausgehen, dass hier sozusagen eine Datenautobahn durch Glasfaserkabel im Gehirn dieser Hunde existiert, wenn man es mit einem technischen Vergleich betrachten würde. Das Auswachsen, die Nervenumhüllungen und die Synapsenbildung bei den genannten Rassen wiederum ist ganz besonders im Bereich des Dopamins gesteuerten Systems im Gehirn verdeutlicht. Auch bei Terriern und den spezialisierten Nasenhunden, also beispielsweise Beagle, Bloodhound etc., ist diese Datenautobahn, wenn auch in geringerem Ausmaß als bei den Hütehunden, verdeutlicht. Emily Dutrow spricht hier von einer »Hyper Awareness«, was man mit übermäßiger Aufmerksamkeit übersetzen könnte.

Sowohl Emily Dutrow und ihr Team, als auch die Gruppe um Kathleen Morrill (2022), fanden bei einigen Rassengruppen speziell solche Gene verändert, die auch beim Menschen mit ADHS-Erscheinungen verknüpft sind. Gerade Jagdhunde, asiatische Spitzrassen, Terrier und Schlittenhundrassen sind hier besonders deutlich aufgefallen, aber auch die Schnüffelhunde wie Pointer, Spaniels und Retriever zeigen eine Veränderung dieser beim Menschen mit AHDS verknüpften Gene. Bei Border Collies zeigt die Arbeit von Emily Dutrow ebenso Unterschiede zwischen Arbeits- und Showlinien in der Genexpression. Der Erregbarkeitszustand ist nach den Untersuchungen von Kathleen Morrill und ihrem Team leicht rasse-, vor allem aber funktional abhängig, und zwar durch eine Anreicherung der Gene. Das bedeutet eben unter anderem auch leichtere und damit schnellere Ablesbarkeit und Umsetzbarkeit.

Münsterländer Benji

Nach den Untersuchungen von Erin Hecht und ihrem Team (Hecht et al., 2019) an der äußeren und inneren Morphologie von Hunden verschiedenster Rassen in Kombination wiederum mit C-BARQ-Persönlichkeitseigenschaften, ergaben sich ebenfalls Zusammenhänge mit der früheren Arbeitsweise der genannten. Zudem findet sie deutliche Größenabhängigkeiten, die wir uns im Weiteren noch genauer betrachten werden. Im genetischen Zusammenhang mit der Aktivität bzw. Hyperaktivitätsgefahr ist sowohl das Tyrosin Hydroxylasegen als auch das MAO-Gen (siehe Kapitel über Hirnstoffwechsel) verändert bzw. vor allem auch größenabhängig. Kleinere Hunde sind auch aus dieser genetischen Sicht heraus erregbarer und neigen mehr zu Hyperaktivitätsproblemen.

Havaneser-Hündin Kaya

Besonders kleinere Hunde tendieren zu vermehrter Hyperaktivität und Impulskontrollproblemen.

Die Untersuchungen von Erin Hecht wurden an einer Reihe von über 60 Hundegehirnen vorgenommen, die in der neurologischen Veterinärklinik ihrer Universität aus anderen diagnostischen Gründen einem Hirnscan unterzogen wur-

den. Es wurden also keine Hunde für diese Untersuchung narkotisiert oder gar getötet, sondern man nutzte die Hirnabbildungen von Hunden, die mit neurologischen Verdachtsdiagnosen in der Klinik untersucht wurden, sich dann aber als neurologisch unauffällig und gesund erwiesen. Durch die modernen bildgebenden Verfahren, die nicht nur den Vergleich der äußeren Gehirngröße, sondern auch den Vergleich innerer Gehirnstrukturen ermöglichen, waren eine Reihe von Einblicken in Netzwerkbildungen des Gehirns möglich. Diese Netzwerke stehen deutlich im Zusammenhang mit einerseits Verhaltenseigenschaften und andererseits früheren Arbeitsweisen der jeweiligen Hunderassen. Wir werden darauf nochmals genauer zurückkommen.

Unter Betrachtung der Verhaltensergebnisse aus vielen vorangehenden Veröffentlichungen haben Lindsay Mehrkam und Clive Wynne (2014) eine Zusammenfassung und Gegenüberstellung der Befunde zu rasseabhängigen Unterschieden bei Hunden versucht. Sie fanden beispielsweise bei den Hounds, also den für die Hetzjagd gezüchteten Hunderassen, höhere Werte für Unaufmerksamkeit, auch für damit verknüpftes übermäßiges Bellen, ständige Bewegung und Schwierigkeiten, ein Bleib-Kommando zu halten. Hütehunde hatten höhere Werte für konstante Bewegung und aktives Spielen sowie konstante Erwartungshaltung.

Isain Zapata und sein Team (2022) erhoben ebenfalls auf der Basis von C-BARQ-Daten, fanden einen positiven Zusammenhang zwischen Energiegeladenheit und Trainierbarkeit bei Sichtjägern und Arbeitshunden. Bei allen anderen Hunderassen dagegen ergab sich eher ein negativer Zusammenhang, das bedeutet: je energiegeladener, desto weniger trainierbar. Aus der wissenschaftlichen und der psychologischen Literatur kommend, kennen wir das Fünffaktormodell der Persönlichkeit. Hierbei heißt die Achse: Offenheit für neue Erfahrung. Leider hat sich (siehe Gansloßer, 2020; Jones & Gösling, 2005) in der Hundeliteratur der Begriff »Trainierbarkeit« eingebürgert. Es geht aber nicht darum, wie schnell der Hund »Sitz«, »Platz« und andere Aktionen lernt, sondern darum, ob er z.B. verstecktes Spielzeug schnell findet oder neue Spiele schnell kapiert. Offensichtlich, und das erinnert etwas an die oben genannten Zusammenhänge mit der Kreislaufphysiologie, aber auch an Daten von Miller und Co-Autoren über den Einfluss der Traubenzuckerversorgung im Gehirn auf die Fähigkeit zur Impulskontrolle, gibt es auch rasseabhängige Unterschiede im Energiestoffwechsel. Eine Untersuchung von Beckmann et al. (2010) findet hier beispielsweise Unterschiede zwischen Labrador Retrievern und Zwergschnauzern, wobei die Labrador Retriever signifikant niedrigere Raten aufwiesen. Die maximale Energieverbrauchsrate, die durch die Stoffwechselleistung bedingt ist, kann offenkundig sehr deutlich auf die im Gehirnstoffwechsel verfügbare Energie einwirken. Dadurch wird beispielsweise die Fähigkeit zur Impulskontrolle und die allgemeine Erregungsdämpfung beeinflusst.

Die bereits erwähnten, bei differierender früherer Beschäftigung unterschiedlich stark ausgebildeten Gehirnnetzwerke aus der Arbeit von Erin Hechts Gruppe (Hecht et al., 2019) betreffen ebenfalls in einigen Teilen unsere Fragestellung. So ist ein Gehirnnetzwerk speziell für das Antriebs- und Belohnungssystem zuständig, ein weiteres für Körperbewegung, Augenbewegungen und räumliche Orientierung. Wiederum im Vergleich mit den C-BARQ-Daten findet Erin Hecht zum Beispiel einen positiven Zusammenhang der Energiegeladenheit auch mit dem für soziale Interaktionen zuständigen Gehirnnetzwerk und dem vordersten Stirnhirn. Bezüglich der Jobeigenschaften der untersuchten Hunde korrelierten bei Sichtjägern, Vogeljägern und Apportierhunden die Gehirnnetzwerke für Körperbewegung, Augenbewegung und räumliche Orientierung. Das Gehirnnetzwerk 1, nämlich das Antriebs- und Belohnungssystem, korreliert mit Aggression gegen Hunde und der allgemeinen Erregbarkeit.

Foto: Vet Lässig

Im Zusammenhang mit den immer wieder als besonders geschilderten Eigenschaften von Wolf-Hund-Hybriden, aber auch Rassen, bei denen vor relativ kurzer Zeit nochmals Wölfe in die Haushundlinien zurückgekreuzt wurden (Tschechischer Wolfshund, Saarloos Wolfshund, Tamaskan) sind dann auch die Unterschiede zwischen Wolf und Haushund im Hirnstoffwechsel nochmals interessant. Yan Lee und ein großes Autorinnenteam (Lee et al., 2013, 2014) beschäftigen sich insbesondere mit dem Ablesen und Ausdrucken der Erbinformation im Vergleich zwischen chinesischen Dorf- und Urtyphunden mit Wölfen und mit Deutschen Schäferhunden, also Vertretern einer modernen Rasse. Gerade im Bereich des Zwischenhirns werden Genabschnitte verändert, die sich mit dem Stoffwechsel von Serotonin und Dopamin beschäftigen. Neben der dadurch veränderten emotionalen Regulation wird auch der Tagesrhythmus verändert, das Bewegungsverhalten ist verstärkt und gerade im vorderen Stirnhirn sind die Serotoninbindungsstellen und deren Regulation betroffen. Hierauf bezogene Unterschiede zwischen den chinesischen Dorfhunden und deutschen Schäferhunden sind gegenüber den Unterschieden bezüglich des Wolfs oder auch des nahe verwandten Kojoten (der eventuell beim Tamaskan eine Rolle gespielt hat) kaum auffindbar. Die Plastizität der Ausbildung von synaptischen Verbindungen, insbesondere die damit verbundene Erregbarkeit, ver-

ändert sich. Eine Reihe von Genabschnitten steht mit dem Kampf- und Fluchtsystem in Verbindung. Diese Untersuchung und auch Untersuchungen von Erin Hecht und ihrem Team (2023) zeigen Veränderungen im Glutamatsystem als erregungsverstärkendem Rezeptorsystem im Laufe der Domestikationsgeschichte auch von Wolf zu Hund. Auch andere, durch sogenannte sekundäre Botenstoffe beeinflusste Lern- und Gedächtnisprozesse, sind in diesen unterschiedlichen Genabschnitten verankert.

Allgemein zeigen die genetischen Übersichtsarbeiten neuerer Zeit, dass vor allem sogenannte Regulatorgene auf dem Weg vom Wolf zum Protohund und von dort dann zum modernen Haushund (siehe Gansloßer und Kitchenham, 2019) verändert wurden. Das bedeutet, dass vor allem Einschaltvorgänge, Ausschaltvorgänge, Beschleunigungen oder Verlangsamungen von Entwicklungsprozessen betroffen sind, dazu die Bildung von Wachstumsfaktoren und, vereinfacht gesagt, die Aufstellung von Hinweisschildern für späteres Auswachsen und Differenzieren von Nervenfasern.

Gerade diese sehr feinen, aber doch erkennbaren genetischen Unterschiede zwischen Wolf und Haushund, lassen auch aus der Sicht unserer Fragestellung die Unsinnigkeit von Wolf-Hund-Mischlingen als ›Modehunde‹ besonders erkennen.

Kleineren Hunden fällt es häufig schwerer, sich zu konzentrieren, Impulsen zu widerstehen und sich selbst zu regulieren als größeren Hunden. Dies kann unter anderem auf die geringere Gehirngröße zurückzuführen sein. Foto: ©Photo Formats/Shutterstock.com

Die Körpergröße spielt, wie beispielsweise Daniel Horschler und seine Co-Autoren (2019) feststellten, auch beim Thema Erregung, Impulskontrolle und damit als möglicher Risikofaktor für unsere Fragestellung eine wesentliche Rolle. Ein Zusammenhang zwischen absoluter Hirngröße und Gehirnfunktion ist bei vielen Hunderassen erkennbar und zwar gerade im Bereich der sogenannten Exekutivfunktionen. Exekutivfunktionen, sozusagen Bremsleitungen im Gehirn aus der Großhirnrinde in die daruntergelegenen, eher emotionalen oder intuitiven Gehirnteile, sind offensichtlich bei größeren Hunderassen verstärkt ausgebildet gegenüber kleineren. Deshalb konnten Daniel Horschler und sein Team auch finden, dass die absolute Gehirngröße bei Hunden positiv mit Selbstbeherrschung und Kurzzeitgedächtnis korreliert. Bei Gedächtnisuntersuchungen ist die positive Abhängigkeit sogar umso steiler, je längere Wartezeiten getestet wurden. Verbotenes Futter wird bei Rassen mit größerem Gehirn länger respektiert, ganz besonders dann, wenn der Mensch nicht zuschaut.

Ein Teil dieser Erkenntnisse ist wiederum von Erin Hechts Daten (Hecht et al., 2019) erklärlich: im Laufe der Welpen- und Junghundentwicklung wird nämlich das Gehirn eines Hundes von hinten nach vorne perfektioniert und vergrößert. Kleine Hunderassen stoppen diese Entwicklung früher, sodass gerade die vordersten Gehirnabschnitte bei ihnen weniger gut ausgebildet sind gegenüber den hinteren. Die vordersten Gehirnabschnitte aber sind, und zwar nicht nur bei Hunden, gerade für Exekutivfunktionen, Impulskontrolle, Selbstbeherrschung und vergleichbare Eigenschaften zuständig.

Neben der Körpergröße der Hunde spielt aber auch ihre Statur eine wichtige Rolle: Molly Selba und ihr Team (2020) hatten sich speziell vorgenommen zu untersuchen, wie eine selektive Zucht auf Kurzschnauzigkeit und Breitköpfigkeit die Gehirnanatomie von Haushunden beeinflusst. Im Verhältnis von Hirnoberfläche zu Hirnvolumen haben die Kurzschnauzigen einen deutlich niedrigeren Wert als die Normalschnauzigen. Daniel Horschlers Untersuchungen wiederum zeigen, dass breitschnauzige und kurzschnauzige Hunde im Bereich der Selbstbeherrschung und der Impulskontrolle ebenfalls schlechtere Werte haben als normal- und langschnauzige Arten.

Insgesamt betrachtet zeigen die vielen Arbeiten aus den letzten Jahren vor allem eines: Es gibt keinen einfachen Zusammenhang zwischen Hirngröße, Rassezugehörigkeit oder auch früherer Beschäftigungsform und Verhaltenseigenschaften wie Erregbarkeit, Impulskontrolle oder Aufmerksamkeit. Lediglich der indirekte Zusammenhang der genannten Eigenschaften mit der Körpergröße ist in den allermeisten Untersuchungen deutlich erkennbar geworden.

Foto: ©StockMediaSeller/Shutterstock.com

KAPITEL 5

Diagnose ADHS

Diagnose ADHS

Nachdem wir in den vorherigen Kapiteln auf die Symptomatik, das Erscheinungsbild im Alltag, aber auch darauf eingegangen sind, wie man es von anderen Themen abgrenzen kann, widmen wir uns nun der Diagnose von ADHS. Um eine gesicherte ADHS-Diagnose vergeben zu können, müssen einige Aspekte untersucht werden. Es gibt hierbei nicht das eine diagnostische Vorgehen.

Abklärung der Symptomatik mittels Fragebögen

Zu Beginn werden die Symptome mittels eines Fragebogens erfasst. Diese Fragebögen zielen darauf ab, die diagnostischen Kriterien des Hundes zu erfassen und anhand einer Ratingskala (Bewertungssystem, welches z.B. ein Merkmal auf einer Skala von 0–3 bewertet) einschätzen zu können. Um solche Diagnosekriterien zu vereinheitlichen, gibt es in der Humanpsychologie dazu verschiedene Manuale wie das DSM oder die ICD, die sich auf Symptome von Menschen beziehen. Das DSM (»Diagnostic and Statistic Manual of Mental Disorders«) ist ein amerikanisches Klassifikationssystem für psychische Störungen und wird zumeist auch in der Forschung genutzt. Die ICD (»Internationale statistische Klassifikation der Krankheiten und verwandter Gesundheitsprobleme) ist ein von der WHO herausgegebenes Klassifikationssystem verschiedenster Krankheiten, darunter auch psychische Erkrankungen. Wir schauen uns nun die diagnostischen Kriterien einer ADHS nach dem aktuellen DSM-5 an. Diese Kriterien beziehen sich auf ADHS beim Menschen.

Diagnosekriterien der Aufmerksamkeitsdefizit-/Hyperaktivitätsstörung (ADHS) nach der American Association (DSM-5)

A Ein durchgehendes Muster von Unaufmerksamkeit und/oder Hyperaktivität-Impulsivität, wie in (1) und/oder (2) beschrieben, welches das Funktionsniveau oder die Entwicklung beeinträchtigt:

(1) Unaufmerksamkeit

– mindestens sechs der folgenden Symptome während der letzten 6 Monate beständig und in einem mit dem Entwicklungsstand nicht zu vereinbarendem Ausmaß, die sich negativ auf soziale und schulische/berufliche Aktivitäten auswirken

a) übersieht Einzelheiten oder macht Flüchtigkeitsfehler

b) hat Schwierigkeiten Aufmerksamkeit über längere Zeit aufrechtzuerhalten
c) scheint bei direkter Ansprache häufig nicht zuzuhören
d) führt Anweisungen oder Aufgaben nicht vollständig aus/beendet sie nicht
e) hat Schwierigkeiten Aufgaben und Aktivitäten zu organisieren
f) findet Aufgaben, die länger andauern, unangenehm oder vermeidet diese
g) verliert häufig Gegenstände
h) ist leicht durch äußere Reize ablenkbar
i) ist im Alltag häufig vergesslich

(2) Hyperaktivität/Impulsivität

– mindestens sechs der folgenden Symptome während der letzten 6 Monate beständig und in einem mit dem Entwicklungsstand nicht zu vereinbarendem Ausmaß, die sich negativ auf soziale und schulische / berufliche Aktivitäten auswirken

a) zappelt häufig oder kann nicht stillsitzen
b) steht auf, obwohl Sitzenbleiben erwartet wird
c) läuft häufig herum, obwohl es situationsunangemessen ist oder leidet unter subjektivem Unruhegefühl
d) hat Schwierigkeiten sich in der Freizeit ruhig zu beschäftigen oder zu spielen
e) ist wie »auf dem Sprung« oder wirkt als wäre er/sie »getrieben«
f) redet übermäßig viel
g) beantwortet Fragen, bevor sie komplett ausformuliert wurden
h) hat Schwierigkeiten zu warten
i) unterbricht/stört andere häufig

B Mehrere Symptome beider Bereiche treten bereits vor dem 12. Lebensjahr auf.

C Mehrere Symptome beider Bereiche treten in mindestens zwei verschiedenen Lebensbereichen auf.

D Die Symptome wirken sich störend auf die Qualität des Funktionsniveaus aus oder reduzieren dieses.

E Die Symptome können nicht besser durch eine andere psychische Störung beschrieben werden oder treten nur im Verlauf einer Schizophrenie oder anderen psychotischen Störung auf.

(DSM-5, deutsche Ausgabe nach Falkai und Döpfner, 2015)

Des Weiteren werden drei Formen der ADHS laut DSM-5 unterschieden. Dabei ist von Bedeutung, welche Symptome in den letzten 6 Monaten am präsentesten waren:

1. **gemischtes Erscheinungsbild:** sowohl hyperaktive/impulsive als auch unaufmerksame Kriterien wurden während der letzten 6 Monate erfüllt.

2. **vorwiegend unaufmerksames Erscheinungsbild:** nur das Kriterium Unaufmerksamkeit war während der letzten 6 Monate erfüllt.

3. **vorwiegend hyperaktiv-impulsives Erscheinungsbild:** nur das Kriterium Hyperaktivität/ Impulsivität war während der letzten 6 Monate erfüllt.

Eine Ermittlung des Schweregrads wird im DSM-5 wie folgt gemacht:

- **leicht:** nur die Mindestanzahl der Symptome oder wenige zusätzliche sind vorhanden, welche zu einer nur geringfügigen Beeinträchtigung in den Funktionsbereichen führen.

- **mittel:** die Ausprägung der Symptome liegt zwischen »leicht« und »schwer«.

- **schwer:** die Anzahl der Symptome übersteigt deutlich die geforderte Mindestanzahl oder sind besonders stark ausgeprägt. Sie beeinträchtigen die Funktionsbereiche erheblich.

Eine übertragbare Tabelle ist nun auch für Hunde möglich.

Diagnosekriterien für ADHS-ähnliche Symptome bei Hunden

ADHS-Symptome der Unaufmerksamkeit

- Jeder Reiz lenkt Aufmerksamkeit auf sich
- Verliert schnell das Interesse
- Lässt sich schnell begeistern
- Lässt sich leicht ablenken
- Konzentrationsschwierigkeiten bei Aufgaben und Spiel
- Aufmerksamkeitsprobleme bei direkter Ansprache
- Schwierigkeiten bei der Ausführung praktischer Aufgaben
- Lernschwierigkeiten

ADHS-Symptome der Hyperaktivität/Impulsivität

- Kann keine ruhige Position halten
- Vermehrte Vokalisation (z.B. Bellen, Jaulen)
- Unruhe
- Fordert häufig nach Aufmerksamkeit oder Spiel
- Höhere Neigung zu reaktivem Verhalten
- Hat Schwierigkeiten zu warten
- Schläft weniger als 8 Stunden am Tag und hat eine schlechte Schlafqualität
- Probleme mit Belohnungsaufschub
- Verringerte Selbstkontrolle (z.B. ungehemmtes Beißen)
- Vermehrtes Zerstören von Objekten
- Verringertes Sättigungsgefühl

(Diese Tabelle orientiert sich an der Version von González-Martínez et al., 2024)

Im Kontext unseres Buches haben wir dazu den ADHS Fragebogen ARS (ADHD Rating Scale for Dogs) von Vas und Kollegen (2007) verwendet. Dieser wurde aus einem Elternfragebogen für ADHS bei ihren Kindern umgewandelt und in der englischen Version von Lit und Kollegen (2010) validiert. Das bedeutet, es wurde sichergestellt, dass die Übertragung des menschlichen Fragebogens auf den Hund auch beim Hund das misst, was er messen soll. Er kann somit als gültiger und zuverlässiger Fragebogen genutzt werden. Der ins Deutsche übersetzte Fragebogen (Vas et al., 2007) ist auf Seite 78 zu finden. Dieser Fragebogen erfasst mit 13 Fragen dimensional einerseits das Ausmaß des Aufmerksamkeitsdefizits beim Hund. Hier ein Beispiel: »Er scheint nicht zuzuhören, wenn er angesprochen wird.« Und andererseits erfasst er das Ausmaß an Hyperaktivität und Impulsivität. Ein Beispiel dafür wäre folgende Aussage: »Reagiert hektisch und scheitert deshalb beim Aufgaben lösen.«

Auswertung des Fragebogens

Die Fragen werden vom Halter beantwortet und auf einer Skala von 0 (nie) bis 3 (sehr oft) bewertet. Im Anschluss werden die entsprechenden Zahlen für das jeweilige Verhalten, also Aufmerksamkeitsdefizit (Fragen: 1, 2, 3, 7, 10 und 12) oder Hyperaktivität / Impulsivität (Fragen: 4, 5, 6, 8, 9, 11 und 13) zusammengezählt. So kann im Bereich des Aufmerksamkeitsdefizits ein maximaler Wert von 18 und im Bereich der Hyperaktivität / Impulsivität ein maximaler Wert von 21 erreicht werden. Anhand dieser Werte kann ein erster Eindruck zur entsprechenden Ausprägung des Verhaltens gewonnen werden. Nicht zu selten kann ein vermeintlicher »ADHS-

ADHS-Fragebogen nach Vas et al., 2007 (Deutsche Übersetzung)

Hund (Name/Geschlecht):

Kastriert ja ☐ nein ☐

Rasse: Alter / Geburtstag:

Halter / Name:

Fragen	**nie (1)**	**manchmal (2)**	**oft (3)**	**sehr oft (4)**
1. Hund lernt schwer, weil er achtlos ist oder sich durch andere Dinge leicht ablenken lässt.	☐	☐	☐	☐
2. Man kann ihn schnell interessieren, aber er verliert auch schnell wieder das Interesse.	☐	☐	☐	☐
3. Kann sich auf Aufgabe oder Spiel schwer konzentrieren.	☐	☐	☐	☐
4. Verlässt seinen Platz, wenn er bleiben soll.	☐	☐	☐	☐
5. Kann nicht ruhig bleiben oder nicht leicht beruhigt werden.	☐	☐	☐	☐
6. Zappelt ständig.	☐	☐	☐	☐
7. Er scheint nicht zuzuhören, wenn er angesprochen wird.	☐	☐	☐	☐
8. Reagiert überdreht, ist schwer zu kontrollieren, beim Nach-vorn-Gehen kaum zu halten.	☐	☐	☐	☐
9. Rennt und spielt ständig.	☐	☐	☐	☐

Fragen	nie (1)	manchmal (2)	oft (3)	sehr oft (4)
10. Kann einfache Aufgaben leicht lösen, hat aber mit schwierigen Aufgaben selbst dann Probleme, wenn er sie kennt und oft getan hat.	☐	☐	☐	☐
11. Reagiert hektisch und scheitert deshalb beim Aufgabenlösen.	☐	☐	☐	☐
12. Leicht ablenkbar.	☐	☐	☐	☐
13. Kann nicht warten, hat keine Selbstkontrolle.	☐	☐	☐	☐

Hat der Hund Training / Ausbildung / Prüfung?

Obedience	☐
Schutzhund	☐
Agility	☐
Jagd	☐
Übungen zu Hause:	☐
Sonstiges:	☐
Kein Training	☐

Summenwert eines Hundes	Empfehlung
0 – 13 (keine / kaum ADHS-ähnliches Verhalten)	Hund zeigt mit hoher Wahrscheinlichkeit kein ADHS-typisches Verhalten.
14 – 23 (ADHS-typische Auffälligkeiten, leichte Einschränkungen)	Verhaltensveränderungen und -anpassungen können gemeinsam mit einem geeigneten Trainingsprogramm den Hund unterstützen.
24 – 28 (ADHS-typisches Verhalten mit inschränkungen im Alltag)	Eine Verhaltensberatung wird empfohlen.
29 – 39 (ADHS-typisches Verhalten mit starken Einschränkungen im Alltag)	Eine Verhaltensberatung sollte aufgesucht werden.

(Tabelle nach den Grenzwerten von González-Martínez und Kollegen)

Hund« schon an dieser Stelle entlarvt werden, da beispielsweise nur die Hyperaktivitätsfragen auffällig sind, aber kaum ein Aufmerksamkeitsdefizit besteht. González-Martínez und Kollegen empfehlen, dass ab einem Summenwert (also beide Bereiche zusammengefasst) von 29 eine Verhaltensberatung aufgesucht werden sollte. Bei Werten zwischen 24 und 29 wird eine Verhaltensberatung stark empfohlen und bei Werten zwischen 14 und 24 können Verhaltensveränderungen und -anpassungen sowie ein geeignetes Trainingsprogramm indiziert sein. Werte, die darunter liegen, deuten darauf hin, dass der Hund mit hoher Wahrscheinlichkeit kein ADHS-typisches Verhalten zeigt. Das bedeutet jedoch nicht, dass auch an dieser Stelle von einer Beratung eines Hundetrainers nicht profitiert werden könnte.

Fallbeispiel Mila

Mila ist eine aufgeweckte Labradorhündin, die am 16.03.2024 geboren wurde und zum beschriebenen Stand 13 Monate alt war. Ihr Fall ist besonders interessant im Kontext der Diagnosestellung.

Als ich eine Hundetrainerkollegin fragte, ob sie derzeit einen Hund im Training habe, bei dem der Verdacht auf ADHS naheliegt, fiel ihr sofort Mila ein. Sie beschrieb die junge Hündin als außergewöhnlich aufgeregt – weit über das normale Maß eines Junghundes hinaus.

Mila besucht seit ihrer Welpenzeit regelmäßig den Hundeplatz und ist auch tagsüber häufiger in der Hundebetreuung. Schon beim Betreten des Platzes zeigt sie eine überschwängliche Freude, insbesondere dann, wenn sie ihre Trainerin Angelika sieht. Ihre Begeisterung schlägt dabei schnell in eine kaum zu kontrollierende Erregung um. Sobald sie sich auf eine Aktivität oder eine bestimmte Situation fokussiert, ist es schwierig, sie abzulenken oder ihr Verhalten umzulenken.

Besonders der Hundeplatz ist für Mila mit vielen positiven und aufregenden Erlebnissen verbunden, wodurch sie allein beim Betreten des Platzes unruhig wird. Auch, wenn es anderen Hunden ähnlich geht, fällt ihr Ausmaß an Aufregung im Vergleich zu den anderen deutlich auf. Während viele Hunde mit zunehmender Erfahrung entspannter werden, bleibt Mila in ihrer Erregung oft gefangen.

Fotos: Nora Nau

Foto: Nora Nau

Aus diesem Grund hat Angelika den Haltern damals einen Nasenkurs bei mir empfohlen. Einerseits haben wir dort eine ruhige Anzeige aufgebaut und an konzentriertem Suchverhalten gearbeitet und andererseits fand dieser auf einem anderen Hundeplatz statt. Neuer Platz, neues Glück. Tatsächlich konnte Mila bei mir deutlich ruhiger arbeiten und hat den Kurs mit Bravour abgeschlossen. Ich betreue sie seitdem weiter in Social Walks, also angeleiteten Spaziergängen mit mehreren Hunden, bei denen der Fokus auf Hundebegegnungstraining liegt. Auch hier merkt man zwar, dass sie grade mit Wartesituationen noch etwas Probleme hat, was aber ihrem Alter entsprechend noch angemessen ist.

Wie schätzen denn nun die Halter Mila ein?
Mila war von Anfang an ein sehr unsicherer, evtl. auch ängstlicher Hund (ängstlich ist sie allerdings nicht mehr). Wir haben sie aus einer Zucht, anscheinend wurde sie dort allerdings nicht gut sozialisiert. Dies zeigte sich hier zuhause dadurch, dass sie Geräusche nicht kannte und unheimlich fand – ebenso wie andere Menschen und Hunde. Im Kontakt hat sie von Anfang an viel gebellt und geknurrt. Dieses Verhalten wird bei Fremden in der Öffentlichkeit ganz langsam besser – solange sie nicht angeschaut wird, ist alles gut. Jogger und Radfahrer sieht sie und begibt sich oft ohne Anweisung auf meine rechte Seite und läuft dort Fuß, bis das Fahrrad/der Jogger vorbei ist. Dann bekommt sie ihren Keks und weiter geht es. Hundebegegnungen klappen auch immer besser, manchmal können wir einfach vorbeigehen, manchmal setzt sie sich selbstständig hin und wartet auf Leckerli (antrainierte Möglichkeit der Deeskalation). Allerdings gibt es auch Hunde, bei denen sie (ohne für uns ersichtlichen Grund) direkt ausflippt, bellt und in die Leine springt. Dies ist uns besonders aufgefallen, wenn die Hunde nicht angeleint sind oder ‚zu spät' angeleint werden.

Spaziergänge mit anderen Hunden klappen meist auch ganz gut.
Hier bei uns zuhause ist sie mittlerweile eher ruhig und ausgeglichen. Dies war allerdings viel Arbeit, mit Hilfe des Relaxopets haben wir dies dann gut hinbekommen.

Foto: Nora Nau

Unser Problem ist unsere Türklingel, aber auch die vom Nachbarn. Sobald Mila hört, dass Besuch kommt oder jemand im Treppenhaus ist, flippt sie aus. Wir brauchen dann einen Moment, bis sie sich wieder beruhigt.

Neue Trainingssituationen versteht sie schnell und kann Neues auch schnell umsetzen. Sie ist gut abrufbar, auch wenn sie aktuell pubertär bedingt gerne diskutiert.

Bei manchen Orten, z. B. Hundeplatz, Bäcker etc., ist sie positiv aufgeregt, an anderen Orten dagegen sehr gestresst, z. B. bei Familienbesuchen oder im Café. Dort neigt sie zur Korrektur fremder Personen und lässt sich nicht in die Ruhe bringen.

Mila ist meiner Einschätzung nach ein tolles Beispiel für einen manchmal noch etwas aufgeregten Junghund, der den Ort Hundeplatz mit ganz viel Aufregung verbunden hat. Da Angelika sie bisher nur in diesem Kontext gesehen und kennengelernt hat, ist ihre Einschätzung auf den Ort bezogen völlig nachvollziehbar. Doch, wie in dem Kapitel zur Diagnosestellung erwähnt wird, muss das ADHS-typische Verhalten in mindestens zwei verschiedenen Kontexten/Orten auftreten, was hier so nicht gegeben ist. Das spiegelt sich auch in den Gesamtscores des ADHS-Fragebogens wider, den einerseits Angelika, aber auch Milas Halter ausgefüllt haben.

Was könnte man in Milas Fall tun?

Schauen wir uns die Skalen Aufmerksamkeitsdefizit und Hyperaktivität / Impulsivität an, so sehen wir sowohl bei Angelika, als auch bei Milas Haltern, dass die zweite Skala höhere Testwerte hat. Wir können dementsprechend darauf schließen, dass sie die größten Probleme mit Hyperaktivität und Impulsivität hat. Darauf kann man mit gezieltem Ruhetraining und Training der Impulskontrolle eingehen. Auch sollten wir ihr Alter nicht aus den Augen verlieren. Ein gewisses Maß an Hyperaktivität und Impulsivität ist zu diesem Zeitpunkt noch total normal und kein Grund zur Aufregung.

Foto: Nora Nau

Bewertung von Angelika
Aufmerksamkeitsdefizit: 7-9/18
Hyperaktivität / Impulsivität: 16-17/21
Gesamtscore: 23-26

Bewertung von Nora & Christian
Aufmerksamkeitsdefizit: 3/18
Hyperaktivität / Impulsivität: 13/21
Gesamtscore: 16

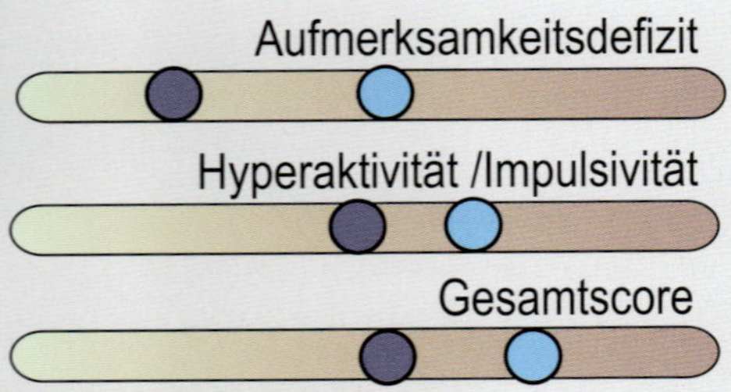

Die Skala zeigt die Ergebnisse des ADHS-Fragebogens nach Vas et al., 2007 von der Hündin Mila.

Videoanalysen von Bewegungsverhalten

Ein Schweizer Forschungsteam (Bleuer-Elsner et al., 2019; Fux et al.,2021) hat die ersten Schritte Richtung objektiver Messverfahren von ADHS typischem Verhalten bei Hunden gemacht. Sie entwickelten ein Modell, mit dem Videoaufnahmen von Hunden über eine KI automatisiert analysiert und standardisiert ausgewertet werden konnte, ohne dass subjektive Einschätzungen von Experten oder Hundehaltern miteinbezogen wurden. Dazu nahmen Kameras, die an der Decke befestigt wurden, das Bewegungsverhalten der Hunde in einem Untersuchungsraum auf. In der ersten Studie von Bleuer-Elsner und Kollegen wurde das erfasste Bewegungsverhalten der Hunde in drei Kategorien eingeteilt: Geschwindigkeit, Abdeckung des Raumes und Neuausrichtung im Raum. Geschwindigkeit wird in dem Kontext mit der Ruhelosigkeit und Hyperaktivität von ADHS assoziiert. In welchem Ausmaß ein Hund den Raum abgelaufen ist, kann Hinweise darauf geben, wie hoch die motorische Aktivität des Einzelnen ist. Die Neuorientierung kann als Zeichen von Unaufmerksamkeit bzw. Ablenkung zu deuten sein. Objektive Erfassungsmethoden wie Videoanalysen können in Zukunft ein großes Entwicklungsfeld für die Forschung werden und wurden auch von den Veterinärmedizinern als solches bewertet (Fux et al., 2021).

Körperliche Gesundheit abklären

Bevor man sich zu schnell auf die Diagnose ADHS einschießt, sollten einige weitere gesundheitliche Faktoren abgeklärt werden. Einige Krankheitsbilder können auch mit ADHS-ähnlichem Verhalten einhergehen, die natürlich nicht übersehen werden sollten. Krankheiten wie atopische Dermatitis sind im Humanbereich mit ADHS assoziiert (Cheng et al., 2024). Auch in der Hundeforschung gibt es Zusammenhänge.

Besonders Erkrankungen, physiologische Veränderungen oder Schmerzen können sich im Verhalten unserer Hunde ausdrücken. Mills und Kollegen (2020) haben dazu eine tolle Übersicht mehrerer Fallbeispiele zusammengestellt, in der verschiedenste Schmerzproblematiken von Hund und Katze mit verändertem Verhalten einhergehen können.

Hündin Laika mit Erste-Hilfe-Koffer. Foto: Stephan Klement

Defensives oder abwehrendes Verhalten

Eine dieser Verhaltensweisen kann defensives oder abwehrendes Verhalten sein. Dieses Verhalten stammt aus dem Bereich des Aggressionsverhaltens. Besonders im Kontext mit Schmerz tendiert aggressives Verhalten zu Impulsivität, jedoch ohne Schaden beim Gegenüber anzurichten. Das beruht darauf, dass die Intention dahinter nicht ist, das Gegenüber zu verletzen, sondern es lediglich fernzuhalten. Es soll ein Kontakt vermieden und der Kontrahent aus der eigenen unterschrittenen Individualdistanz herausbefördert werden. Das kann sowohl andere Hunde als auch Menschen betreffen.

Im Zusammenhang mit einer ADHS-Thematik kann es auch vermehrt zu aggressivem Verhalten kommen. Dies kann einerseits durch den Serotoninmangel, andererseits durch die gestörte Impulskontrolle verstärkt werden. Es äußert sich somit ähnlich wie schmerzbedingtes aggressives Verhalten. Daher ist es umso wichtiger, in solchen Kontexten einen Checkup beim Tierarzt zu vereinbaren.

Veränderungen/Störungen im Lernverhalten und der Leistung

Schmerzen können sich auch in der Leistung eines Hundes widerspiegeln. Hat ein Hund beispielsweise eine Hüftgelenksdysplasie, also eine Fehlbildung, bei der der Oberschenkelkopf nicht korrekt in die Hüftpfanne passt, so kann es bei einem auszuführenden »Sitz« zu Schmerzen kommen. Solche Schmerzerkrankungen können auch schon im Junghundalter dazu führen, dass ein Hund kein »Sitz« machen möchte oder sich sehr schwer mit der Umsetzung tut. Es könnte auch zu einer allgemeinen Verlangsamung sowohl kognitiv als auch motorisch kommen, was sich in der Leistung eines Hundes während verschiedener Aufgaben zeigen würde.

Foto: Stephan Klement

Zerstören von Objekten und Fremdkörperaspiration im Zusammenhang mit Pica

Pica ist eine Verhaltensstörung, bei der Hunde unverdauliche Gegenstände fressen. Diese kann im Zuge von Schmerzen oder Erkrankungen auftreten und äußert sich beispielsweise darin, dass Hunde sowohl im Beisein als auch in Abwesenheit ihrer Halter vermehrt Steine oder andere, nicht nahrhafte Gegenstände aufnehmen und fressen. Doch nicht nur im Zuge körperlicher Erkrankungen, sondern auch bei ADHS-ähnlichen Problematiken können Verhaltensweisen wie vermehrtes Zerstören von Gegenständen und auch das Fressen ein Teil der Symptomatik sein (Masson et al., 2021). Umso wichtiger ist es auch hier, noch andere Hintergründe in Betracht zu ziehen.

Aufmerksamkeitssuchendes Verhalten

Aufmerksamkeitssuchendes Verhalten ist nicht nur mit verschiedensten Verhaltensproblematiken assoziiert, sondern kann auch eine schmerzbedingte Reaktion sein. Denken wir nur an einen häufig bellenden, jaulenden oder jammernden Hund, der dieses Bellen aufhört, sobald sich der Mensch dem Hund zuwendet, und wieder beginnt, wenn er sich abwen-

det. Solche Verhaltensweisen können in Krankheitsphasen verständlich sein, sich jedoch auch durch die dort sehr angemessene Zuwendung verfestigen und dann auch nach der Erkrankung weiter bestehen. Hier kann man mit einem gezielten Training sehr viel bewirken. Häufige akustische Äußerungen von Hunden können jedoch auch ein Zeichen von Überstimulation oder Überforderung sein und somit ein Teil der Symptome von ADHS typischem Verhalten. Sollte dies also eines der Merkmale des betreffenden Hundes sein, sollte man besonders auf die Auslöser und Kontexte achten, in denen dieses Verhalten gezeigt wird.

Kastration als Risikofaktor oder Lösung für ADHS?

Carina Kolkmeyer zum Thema Kastration

Carina Kolkmeyer promoviert und lehrt an der Universität Vechta im Fachbereich Biologie. Zudem ist sie als Forschungsassistentin im Serengeti-Park Hodenhagen tätig. Zu ihren Forschungsschwerpunkten zählen das Sozialverhalten kastrierter und intakter Hunde sowie einige zoologische Forschungsprojekte.

Da es immer wieder vorkommt, dass sich Hundehalter aufgrund des Aktivitätsverhaltens ihres Hundes zu einer Kastration entscheiden, werden an dieser Stelle die Chancen und Risiken einer Kastration kurz beleuchtet.

Nach einer Kastration kommt es quasi zum Stillstand der Sexualhormone. Beim Rüden wird kein Testosteron mehr in den Hoden gebildet (da die Hoden chirurgisch entfernt wurden) und bei der Hündin gibt es keine Östrogen- und Progesteronproduktion mehr in den Eierstöcken, da selbige entfernt wurden.

Carina Kolkmeyer, B.Sc. M.Sc.: Verhaltensbiologin und Forschungsassistentin. Foto: privat

Zahlreiche Studien zeigen, dass sich eine Kastration durchaus negativ auf das Hundeverhalten auswirken kann (Flint et al., 2017; Guy et al., 2001; Jacobs et al., 2018; Kaufmann et al., 2017; Lorenz et al., 2018 & 2019; Kolkmeyer et al., 2021; Kolkmeyer et al., 2021; Kolkmeyer & Gansloßer, 2024; Kolkmeyer et al., 2024a & 2024b; Podberscek & Serpell, 1996;). Ebenso kann es durch ein verschobenes Cortisol-Sexualhormon-Verhältnis zu erhöhter Angst und Panik kommen (Balogh et al., 2018; Kolkmeyer, 2021; Kolkmeyer et al., 2021; Kolkmeyer & Gansloßer, 2024; Kolkmeyer et al., 2024a & 2024b). Wiederum andere Studien berichten von positiven Auswirkungen auf die Aktivität (Kriese et al., 2022) oder Aggressivität (Casey et al., 2014; Matos et al., 2015).

In Bezug auf die Hyperaktivität spiegeln bisherige Forschungsergebnisse genau das Bild wider, das auch in der Hundewelt häufig zum Vorschein kommt, wenn es um hyperaktives Verhalten geht: es gibt keine eindeutige Tendenz, da auch die Einschätzung echter Hyperaktivität mitunter sehr schwerfällt. In der Regel braucht es eine fachliche Expertise oder, im Falle von Datenerhebungen, die auf einer Umfrage basieren, einen extra ADHS-Fragebogen. Hoppe et al. (2017) verwendeten einen speziellen ADHS-Fragebogen (Vas et al., 2007) und konnten höhere Motoraktivitätswerte für kastrierte Hunde feststellen. Ebenfalls kamen Zink et al. (2014) zu dem Schluss, dass kastrierte Hunde hyperaktiver waren als nicht kastrierte.

Während in der Studie von Kriese et al., 2022, »leicht aktive« Hunde durch eine Kastration aktiver wurden, verhielten sich hyperaktive Hunde nach der Kastration ruhiger. Bei dieser Studie muss allerdings betont werden, dass nicht konkret deutlich wird, inwiefern der Aspekt »Hyperaktivität« gemessen wurde oder ob es sich lediglich um ein hohes Energielevel handelte.

Weiterhin ergaben sich in der Studie von Lit et al. (2010) anhand des modifizierten ADHS-Fragebogens keine signifikanten Unterschiede zwischen Kastraten und Intakten bezüglich ihrer Hyperaktivität und Impulsivität.

Sulkama et al., 2022, untersuchten aggressives Verhalten, ADHS und Stereotypien bei Hunden und fanden heraus, dass repetitive Störungen (wie beispielsweise Stereotypien) vor allem bei Kastraten auftreten. Verstärkt werden jene Verhaltensauffälligkeiten vor allem durch Aggressivität. Die Autoren vermuten, dass durch den Wegfall der Sexualhormone ihre beruhigende und Impuls unterdrückende Wirkung entfällt. Die Kastration stellt demnach ein Risikofaktor für Verhaltensauffälligkeiten wie Stereotypien dar. Einerseits als direkte Einflussvariable durch den Wegfall der Hormone und andererseits indirekt in Kombination mit anderen Faktoren (wie Aggression oder Impulskontrolle).

Wie oben bereits angedeutet, kommt es durch die Kastration zu einem veränderten Cortisolverhältnis. Die Sexualhormone als Gegenspieler des Stresshormons Cortisol fallen weg und es kann zu einem höheren Cortisolspiegel kommen. Dieser wiederum kann den Serotoninspiegel senken und eine daraus resultierende Aggressivität bei Hunden begünstigen (Rosado et al., 2010).

Darüber hinaus steht das Serotonin in einer Wechselwirkung mit Testosteron. Letzeres kann die Serotonin bedingte Aggression etwas in Schach halten (Salavati et al., 2018).

Ein weiterer Transmitter spielt hier eine wesentliche Rolle: das Dopamin. Es steht unter Verdacht, gemeinsam mit Serotonin stark bei der Aufmerksamkeitsdefizitstörung (ADHS) mitzuwirken. Bemerkenswert ist, dass Serotonin die Dopaminübertragung über mehrere Serotonin-Rezeptoren vermittelt (Quist et al., 2003). Daher ist es plausibel, dass eine Serotoninstörung auch zu ADHS assoziierten Verhaltens- und kognitiven Beeinträchtigungen führen kann.

Auch González-Martínez et al., 2023, analysierten in ihrer Studie die Serotonin- und Dopaminkonzentrationen bei ADHS-Hunden. Ihre Ergebnisse deuten auf tendenziell niedrige Konzentrationen beider Neurotransmitter bei Hunden mit Verhaltenssymptomen hin, die mit ADHS-ähnlichen Störungen übereinstimmen.

Während manche Hundehalter ihre Hunde als entspannter nach der Kastration einstufen (Niepel, 2007), zeigen andere Studien wiederum, dass gerade Kastraten weniger Gelassenheit im Verhalten aufweisen als Intakte (Kaufmann et al., 2017; Kolkmeyer et al., 2024b). Jedoch darf diese reduzierte Gelassenheit natürlich nicht mit »Hyperaktivität« gleichgesetzt werden.

Dennoch gibt es einige Berichte darüber, dass kastrierte Hunde ruhiger oder gar lethargischer wirken. Dies lässt sich eventuell auf den teils stimmungsaufhellenden und motivierenden Effekt der Sexualhormone zurückführen (Hart & Eckstein, 1997; Walther et al., 2019).

Schließlich kann gesagt werden, dass es hormonbedingt zu einem höheren ADHS-Risiko nach einer Kastration kommen kann. Dabei scheint auch das Alter eine Rolle zu spielen. Je früher der Hund kastriert wird, desto höher könnte das Risiko sein (Hoppe et al., 2017). Allerdings ist die bisherige Studienlage noch sehr mau. Insbesondere Fehlinterpretationen kommen in diesem Fachgebiet häufig vor. Aus diesem Grunde sollte immer eine fachliche Expertise eingeholt werden, um das Aktivitätsverhalten des Hundes korrekt einschätzen zu können.

A **Aktivität ≠ Hyperaktivität. Ein kastrierter Hund kann zwar ruhiger wirken, jedoch heißt dies nicht, dass ein hyperaktiver Hund durch eine Kastration geheilt wird.**

D **Dopamin spielt eine entscheidende Rolle, da es gemeinsam mit Serotonin bei ADHS mitwirkt.**

H **Hunde, die ohnehin Serotonin-Schwankungen oder auffälliges Aggressionsverhalten aufweisen, sollten besser nicht kastriert werden.**

S **Sexualhormonproduktion entfällt nahezu nach der Kastration, wodurch sich Stress, Panik, Aggression und Impulskontrolle verschlechtern können.**

Probleme in der Diagnostik

Die ADHS-Diagnostik im Bereich der Hunde steckt noch in den Kinderschuhen und das zeigt sich leider auch in der Auswahl der Untersuchungsmöglichkeiten. Im Folgenden werden einige Beispiele aufgeführt, die das Potential dieses Feldes beleuchten und mögliche Wege aufzeigen, die in den nächsten Jahren in diesem Bereich beschritten werden können.

Der DIAS (Dog Impulsivity Assessement Scale; University of Lincoln) ist ein Fragebogen, der für die Erfassung von impulsivem Verhalten genutzt wird. Er ist validiert und wird in den verschiedensten Studien genutzt. Im Kontext des ADHS erfasst er jedoch leider nur eine Facette der Krankheit. Würde er alleine genutzt werden, so würden die Aspekte der Aufmerksamkeit und Hyperaktivität übergangen werden.

Der DARFS (Dog ADHD and Functionality Rating Scale von Csibra et al., 2024) ist ein weiterer Fragebogen für ADHS-ähnliches Verhalten. Dieser englische Fragebogen wurde, obwohl er validiert ist, bisher noch in keinen Studien genutzt, um Hunde mit ADHS-ähnlichem Verhalten von Hunden mit »Normalverhalten« zu unterscheiden. Außerdem wurden noch keine Grenzwerte festgelegt, anhand derer man das dokumentierte Verhalten einschätzen kann (wie z.B. solche von González-Martínez und Kollegen aus der Tabelle).

Des Weiteren geben Untersuchungen der Blutwerte von Hunden, in denen erniedrigte Dopamin- und Serotoninlevel festgestellt werden konnten (González-Martínez et al., 2023), Anhaltspunkte. Aber auch hier gibt es noch keine gesicherten Grenzwerte, wodurch auch diese Methode sich aktuell noch nicht zur Diagnostik eignet.

Durch die Komplexität der ADHS ist es schwierig, sie von anderen Verhaltensstörungen abzugrenzen. Sowohl rassebedingte Eigenschaften als auch das Hundetraining können ADHS-ähnliche Symptome beeinflussen. Besonders häufige Zusammenhänge (Komorbiditäten) lassen sich zwischen ADHS und Ängsten oder Phobien, Zwangsstörungen und Aggression feststellen (González-Martínez et al., 2023).

Ängste und ADHS

Das äußere Erscheinungsbild eines ängstlichen Hundes und eines Hundes mit ADHS typischem Verhalten kann im ersten Moment sehr ähnlich wirken. Beide haben eine hohe Belastung und lenken ihre Aufmerksamkeit schnell auf neue Reize. Ein ängstlicher Hund tut dies aus einer gewissen Unsicherheit heraus, um eventuelle Gefahren möglichst frühzeitig zu erkennen. Ein ADHS-Hund würde dies tun, weil jeder neue Reiz seine Aufmerksamkeit auf sich zieht. Er wäre von seiner emotionalen Grundhaltung jedoch nicht verunsichert. Aber es könnte dieses Erscheinungsbild in Aggression überschwappen. Bei einem ängstlichen Hund wäre das eine Situation potentieller Gefahr, wodurch er die Bedrohung abzuwenden versucht. Bei einem Hund mit ADHS-Verhalten wäre es eher eine Art Übersprungsreaktion aus einer Reizüberflutung und Überforderung heraus. Dabei treten in bis zu 25 % der Fälle ADHS und Ängste gemeinsam auf (D´Agati et al., 2019), sodass es oft ein fließender Übergang zwischen Überforderung und Unsicherheit ist.

Foto: Stephan Klement

Aggression und ADHS

Im Zuge einer ADHS-Thematik kann es durchaus vermehrt zu aggressiven Verhaltensweisen kommen. Das kann einerseits durch die verminderte

Fähigkeit der Impulskontrolle bedingt werden, allerdings auch, wie oben genannt, durch Situationen der Überforderung durch die vielen ungefilterten Umweltreize. Ein weiterer, nicht zu unterschätzender Faktor ist der schon beschriebene Serotoninmangel. Dieser führt bzw. verstärkt die Tendenz zu impulsivem und aggressivem Verhalten (Léon et al., 2012). Wenn Aggression beim Hund zum Problem wird, sollte an der Stelle immer eine umfassende Anamnese gemacht werden, da das Verhalten viele verschiedene Ursachen haben kann und man einen Hund sonst ggf. falsch behandelt oder trainiert.

Zwanghaftes Verhalten vs. ADHS

Auch zwanghaftes Verhalten und ADHS teilen sich einige Merkmale. Bei Zwängen ist das Thema der Impulskontrolle zentral. Ist diese gestört, so kann sich zwanghaftes Verhalten verstärken oder verfestigen. Ein Mangel an Impulskontrolle ist auch bei ADHS eines der Kernsymptome, wodurch der Zusammenhang dieser beiden Krankheiten nicht überrascht. Auch kann ein Zwang als eine Strategie gegen ADHS-Symptome betrachtet werden. Krause und Krause (2009) beschrieben zwanghaftes Verhalten als einen Kompensationsversuch, um das »innere Chaos« zu bewältigen. Bei Hunden kann sich das beispielsweise in Schwanzjagen, Kreislaufen, Fixieren oder ins Leere starren, Lichter verfolgen, Zerstören von Gegenständen oder auch selbstverletzendem Verhalten, wie übermäßigem Lecken, Kauen oder Beißen am eigenen Körper, ausdrücken (Hall et al., 2015; Luescher, 2003). Ähnliche Verhaltensweisen haben wir auch schon im Kontext von ADHS kennengelernt. Auch hier sollte eine mögliche Abgrenzung oder Komorbidität (gemeinsames Auftreten) der beiden Störungsbilder in Betracht gezogen werden.

Verbreitung von ADHS

Der Begriff »ADHS Hund« fällt immer häufiger auf Hundeplätzen, in Trainingsstunden oder im Alltag von Hundehaltern. Häufig wird er verwendet, um besonders unruhige oder schwer zu kontrollierende Hunde zu beschreiben. Doch wie oft handelt es sich tatsächlich um ein ADHS-ähnliches Syndrom bei Hunden?

Wissenschaftliche Studien, die Verhaltensauffälligkeiten bei Hunden untersuchen, zeigen, dass übermäßige Aktivität – ein zentrales Symptom von ADHS – bei einem signifikanten Anteil der Hundepopulation vorkommt. Dabei variieren die Angaben zur Häufigkeit stark: So zeigen Studien Auftretenshäufigkeiten (Prävalenzen) zwischen 12 % und 38,7 %, je nach Methodik und Definition der Verhaltensweisen (Dinwoodie et al., 2019; Didehban et al., 2020; Sulkama et al., 2021).

Eine groß angelegte Online-Umfrage unter Hundehaltern ergab, dass 12 % der befragten Hunde Anzeichen von Hyperaktivität oder Überaktivität zeigten. Diese Verhaltensmuster beinhalteten Impulsivität, hohe Ablenkbarkeit und einen übermäßigen Bewegungsdrang. Es handelte sich dabei um Daten, die auf der Selbsteinschätzung der Halter basierten, was mögliche subjektive Verzerrungen einschließt (Dinwoodie et al., 2019).

In einer weiteren Untersuchung bewerteten Hundehalter das Verhalten ihrer Tiere anhand eines Fragebogens, der ursprünglich von Vas et al. (2007) entwickelt wurde. Dieser erfasste Unaufmerksamkeit, Hyperaktivität und Impulsivität. Auch in unserem Buch wird dieser Fragebogen verwendet (siehe Seite 78). Die Ergebnisse zeigten, dass 19,1 % der Hunde Symptome von Unaufmerksamkeit und 15 % Anzeichen von Hyperaktivität und Impulsivität aufwiesen (Sulkama et al., 2021).

Besonders hohe Werte wurden in einer tierärztlichen Verhaltenspraxis beobachtet, wo die Prävalenz von Hyperaktivität bei überwiesenen Hunden 38,7 % erreichte. Hier definierten die Forscher Hyperaktivität als »der Hund bewegt sich ständig, rennt und springt schnell umher.« Diese Definition schließt jedoch die Möglichkeit ein, dass auch neurotypische Hunde (also Hunde, die eine normale neurologische und kognitive Entwicklung aufweisen) mit hohem Energielevel in die Ergebnisse einbezogen wurden (Sulkama et al., 2021).

Die Bandbreite der berichteten Auftretenswahrscheinlichkeiten zeigt deutlich, dass ADHS-ähnliches Verhalten bei Hunden keine Seltenheit ist. Gleichzeitig machen die unterschiedlichen Definitionen und Erfassungsmethoden deutlich, wie schwierig es ist, zwischen pathologischen Verhaltensmustern und normalen, temperamentbedingten Verhaltensweisen zu unterscheiden. Einheitliche Terminologien und standardisierte Messinstrumente sind notwendig, um das Phänomen besser zu verstehen. Dies würde nicht nur die Diagnostik erleichtern, sondern auch die Entwicklung gezielter Therapieansätze fördern – für Hunde, die tatsächlich an ADHS-ähnlichen Symptomen leiden.

Was bringt nun eine Diagnose?

Die Diagnose ist in erster Linie für den Menschen. Obwohl es viele geahnt haben, ist die Diagnose ADHS oft im ersten Moment ein Schock. Doch nachdem dieser erst verdaut ist, stellt sich häufig eine Erleichterung ein. Ob es hierbei jetzt um Betroffene selbst oder um die Eltern von Kindern mit ADHS geht, macht erstmal keinen großen Unterschied. Die Kinder selbst wissen

meist wenig mit der Diagnose anzufangen, da es häufig in einem Alter diagnostiziert wird, wo sie noch nicht die Fähigkeiten haben zu begreifen, welche Bedeutung es hat. Übertragen wir das nun auf unsere Hunde, so macht die Diagnose für den Hund selbst erst mal gar nichts. Doch für den Hundehalter kann es eine Erleichterung sein zu wissen, warum sich sein Hund so anders verhält: warum er länger braucht, um gewisse Dinge zu lernen oder überhaupt zu verstehen,

warum er so viel aufgeregter und impulsiver reagiert als viele seiner Artgenossen oder warum es ihm so schwer fällt zur Ruhe zu kommen. Und nicht nur das, es gibt ihnen nun auch die Möglichkeit, adäquat auf diese Verhaltensweisen einzugehen, sie besser einschätzen zu lernen und sie angemessen behandeln zu können. Verschiedene Möglichkeiten dafür, werden im kommenden Kapitel behandelt.

Foto: ©Andrew Angelov/Shutterstock.com

Foto: Stephan Klement

KAPITEL 6

Training und Management

Training und Management

Schauen wir uns nun an, wie man mit ADHS-ähnlichem Verhalten umgehen kann.
Hunde mit ADHS-ähnlichem Verhalten leiden häufig unter der ständigen Anspannung und Überforderung, was zu Stress führen kann. Doch was unter Stress verstanden wird, kann sehr differieren. Eine gängige Definition von Stress ist folgende: »Stress findet dann statt, wenn die Anpassungsfähigkeit eines Tieres überfordert wird und dadurch das Tier auf lange Sicht Nachteile für Gesundheit und Fortpflanzungsfähigkeit erleidet« (Broom & Johnson, 1993). Stress kann dabei die verschiedensten Ursachen haben. Um zu erkennen, wann ein Hund in eine Stressreaktion geraten kann, ist es von großer Bedeutung, die Belastungssignale von Hunden zu kennen und richtig deuten zu können.

Foto: ©Bogdan Sonjachnyj/Shutterstock.com

Belastungssignale erkennen

Um die Belastung eines einzelnen Hundes richtig einschätzen zu können, müssen wir uns aktiv mit ihm und seinem Ausdrucksverhalten auseinandersetzen. Es gibt zwar verschiedene gängige Belastungssignale, doch die Art, wie ein Hund seine Belastung ausdrückt, entspricht einer individuellen Kombination dieser und sollte auch so beachtet werden. Folgende Signale sind die gängigsten und sind am häufigsten zu beobachten:

Leichte Belastungssignale
Bei diesen Anzeichen sind Hunde meist noch gut ansprechbar, aber man merkt ihnen schon eine gewisse Anspannung an. Dazu zählen: unruhiges Verhalten und Nervosität, Gähnen, Schnauze lecken, Blick abwenden und Schmatzen (Gansloßer, 2023), Schütteln, Kratzen oder angelegte Ohren.

Mittelschwere Belastungssignale
Bei diesen Signalen sind Hunde deutlich angespannter und weniger ansprechbar als zuvor. Es können Verhaltensweisen wie Zittern, Schwitzen, Tippeln, Jammern oder Bellen, Hecheln, Pfoten lecken oder knabbern und eine eingeknickte Körperhaltung gezeigt werden (Handelmann, 2010).

Foto: ©Bogdan Sonjachnyj/Shutterstock.com

Schwere Belastungssignale
Hunde sind in solch einem Zustand meist nicht mehr ansprechbar und in einer starken Stressreaktion. Dabei kann es zu Aggression, Fluchtverhalten, aber auch zum Erstarren kommen. Dazukommen können Speicheln, Einkoten oder Urinieren, Erbrechen, Rute einziehen oder auf den Rücken legen (Gansloßer, 2023).

Mit Stress gehen auch hormonelle Veränderungen einher, wie die Aktivierung des Sympathikus oder der HPA-Achse.
Der Sympathikus ist dabei zuständig für eine schnelle Stressreaktion. Der Körper wird in eine Handlungsbereitschaft versetzt, was über Botenstoffe wie Adrenalin und Noradrenalin vermittelt wird.

Die HPA-Achse (Hypothalamus-Hypophysen-Nebennierenrinden-Achse) steuert eine langsamere, aber dafür auch länger anhaltende Stressreaktion. Diese wird über Cortisol vermittelt. Bei Hunden mit ADHS-ähnlichem Verhalten birgt diese langanhaltende Stressreaktion ein großes Risiko. Eine stetig erhöhte Cortisolausschüttung kann zu chronischem Stress führen, was wiederum zu Lern- und Konzentrationsschwierigkeiten, Unruhe, aber auch Apathie und vermehrten Angstreaktionen führen kann (Gansloßer, 2023). Es bildet sich ein Teufelskreis für die ADHS-Symtomatik.

Um aus diesem Teufelskreis auszubrechen, muss die Stressreaktion unterbrochen und Lösungswege etabliert werden. Dabei kann man sich zuerst anschauen, welche Eigenschaften ein Hund schon mitbringt. Welche Kompetenzen, Fähigkeiten oder Mittel besitzt ein Hund, um mit Herausforderungen im Alltag umzugehen und somit seine Belastung zu reduzieren? Sie unterstützen die Problembewältigung und fördern die Lebensqualität. Das können Sozialkontakte sein, soziales Spiel mit dem Halter, die Ruhezeiten eines Hundes, aber auch erlernbare Fähigkeiten, wie die Toleranz gegenüber lauten Geräuschen oder der Umgang mit Artgenossen.

Besonders ein lockeres Sozialspiel kann dazu führen, dass ein Hund Anspannung nach einer Stresssituation abbauen kann und eine emotionale Ausgeglichenheit gefördert wird.

Foto: Stephan Klement

Fähigkeiten und Kompetenzen sind im Hundetraining ein wichtiges Thema. Jeder Hund bringt einige Herausforderungen mit sich und dazu auch schon seine eigenen, von ihm entwickelten Lösungsmöglichkeiten. Jede dieser Möglichkeiten hat für den jeweiligen Hund einen Sinn, sonst würde er sie nicht weiterhin nutzen. Wenn wir verstehen, was der Nutzen hinter einem Verhalten ist, können wir auch das Bedürfnis des Hundes erkennen und ihm so zu angemesseneren Lösungsmöglichkeiten verhelfen. Je flexibler ein Hund lernt mit Widrigkeiten umzugehen, umso resilienter wird er. Und desto besser kann eine Stressreaktion unterbrochen oder sogar vorgebeugt werden.

Facts für Hundetrainer

Stärkenorientierung ist ein wichtiger Grundstein, sowohl für die psychische und körperliche Gesundheit als auch für die Veränderungsmotivation (Dust, 2023). Das Ziel im Hundetraining sollte es dabei nicht nur sein, die schon vorhandenen Lösungswege des Hundes in den Vordergrund zu rücken, sondern auch die des Hundehalters sind von Bedeutung. Der Hundehalter braucht die nötigen Mittel, um auch unruhige oder angespannte Situationen gut bewältigen zu können und sich nicht nur um sich, sondern auch um seinen Hund kümmern zu können. Hundetraining kann für die Halter sehr belastend sein, grade dann, wenn sie sich unangenehmen Situationen stellen müssen, um diese zu üben. Weiß der Halter, auf welche Fähigkeiten er in solchen Situationen zurückgreifen kann, so kann er nicht nur die Situation selbst besser bewältigen, sondern wird auch mehr Motivation dazu haben, sich den Situationen zu stellen.

Resilienz

Der Begriff Resilienz leitet sich aus dem lateinischen Wort »resilire« ab, was so viel wie »abprallen« oder »zurückspringen« bedeutet und kann auch als »Widerstandsfähigkeit« bezeichnet werden. Diese beschreibt die Fähigkeit mit aufkommenden Ereignissen, emotionalen Belastungen oder Veränderungen förderlich umzugehen und sich gut an diese anpassen zu können. Jeder Hund bringt dabei eine andere Resilienz mit sich, welche beeinflusst, wie ein Hund auf Lebensereignisse reagiert und mit diesen umgehen kann. Diese kann sich beispielsweise in den Persönlichkeitsmerkmalen eines Hundes zeigen. Hunde, die optimistischer, geselliger und mutiger sind, haben die besten Voraussetzungen für eine hohe Resilienz. Hunde dagegen, die eine hohe Ausprägung im Bereich des Neurotizismus, also der Neigung zu negativen Emotionen, zeigen, werden sehr wahrscheinlich eine geringere Resilienz aufweisen (Tiira, 2019).

Doch auch die Lebensereignisse und Umstände, in denen ein Hund aufwächst oder lebt, können die Resilienz beeinflussen. Beispielsweise zeigt sich, dass durch eine gute mütterliche Fürsorge Hunde Eigenschaften wie Geselligkeit oder Verspieltheit, aber auch geringere Stressreaktionen entwickeln. Somit kann eine gute mütterliche Fürsorge für eine erhöhte Resilienz in Hunden sorgen (Tiira, 2018). Auch weitere Faktoren, wie eine enge, sichere Bindung zum Halter oder einer anderen Bezugsperson, aber auch das Zusammenleben mit anderen Hunden, können zu einer erhöhten Resilienz beitragen.

Eine sichere Bindung kann eine sehr wichtige Stütze für die Entwicklung eines Hundes sein. Sie kann als Basis für weitere Resilienzen und Fähigkeiten dienen, die ein Hund im Laufe seines Lebens erlernt.

Resilienz ist somit nichts, was ein Hund hat oder eben nicht hat, sondern eine beeinflussbare Fähigkeit, die gefördert und verbessert werden kann.

Eilidh und Kollegen (2023) haben dazu einen Fragebogen entwickelt, der die Resilienz von Haushunden in drei Dimensionen messen kann. Die erste Dimension misst die Fähigkeit eines Hundes, nach einer Widrigkeit wieder in seinen Normalzustand zurückzufinden. Die zweite Dimension

misst, wie hoch die Toleranz eines Hundes ist, bei Unterbrechungen oder Ablenkung das Leistungsniveau aufrecht zu erhalten. Die dritte Dimension misst die Fähigkeit eines Hundes mit Veränderungen umzugehen und sich an diese anpassen zu können, beispielsweise über flexible Anpassung von Lösungsstrategien. Mit diesem Fragebogen, dem L-CARS (Lincoln Canine Adaptability Resilience Scale), gibt es nun die Möglichkeit, sich einen Eindruck von der Resilienz eines Hundes zu machen. Abhängig von den Ergebnissen auf den einzelnen Dimensionen, kann man anschließend speziell darauf eingehen, einem Hund beispielsweise mehr Lösungsstrategien beizubringen und ihn sich darin üben zu lassen, so dass er diese in verschiedenen Situationen anzuwenden lernt. Ein weiterer Ansatz wäre es, sich die verschiedenen Auslöser für beispielsweise impulsives Verhalten oder auch typische Ablenkungen anzusehen.

Trigger

»Trigger« kommt aus dem Englischen und bedeutet »Auslöser«. Oft wird auch der Begriff »Schlüsselreiz« verwendet (wobei dieser hier etwas anders verstanden wird als in der klassischen Ethologie). Er beschreibt das in Gang setzen verschiedenster Mechanismen, welche sowohl in der Psychologie als auch im Hundetraining meist mit einer emotionalen Komponente verknüpft sind. Trigger sind dabei komplett individuell und können somit nicht über verschiedene Individuen hinweg generalisiert werden. Beispielsweise kann ein Auto bzw. das Einsteigen in ein Auto für den einen Hund, der nun einen Ausflug erwartet, etwas total tolles sein, für einen anderen Hund etwas unangenehmes, da er es mit Reiseübelkeit verbindet.

Trigger können sich im Alltag aufsummieren, wodurch ein vermeintlich kleiner Trigger plötzlich eine große Reaktion auslösen kann. Das Prinzip dahinter wird »Trigger Stacking« genannt. Im Hundetraining höre ich häufiger den Satz: »Die ersten 5 Hundebegegnungen haben doch jetzt super geklappt, wieso die 6. nicht mehr?«. Einer der häufigsten Gründe dafür wäre eben das Trigger Stacking. Es beschreibt, dass wenn ein Hund, beispielsweise im Laufe eines Spaziergangs, mehreren Reizen ausgesetzt ist und zwischen diesen Reizen nicht genug Zeit hat, sich wieder zu regenerieren, sich diese Reize ansammeln. Man kann davon ausgehen, dass dies mit einer stets erneuten und sich addierenden Ausschüttung von Stresshormonen einhergeht oder mit einer Langzeitpotenzierung von elektrischer Erregung zusammenhängen dürfte. Jeder Hund hat eine andere Reizschwelle. Die Reizschwelle beschreibt, ab welcher Intensität (Qualität) oder Menge (Quantität) von Reizen beim Hund eine Reaktion ausgelöst wird.

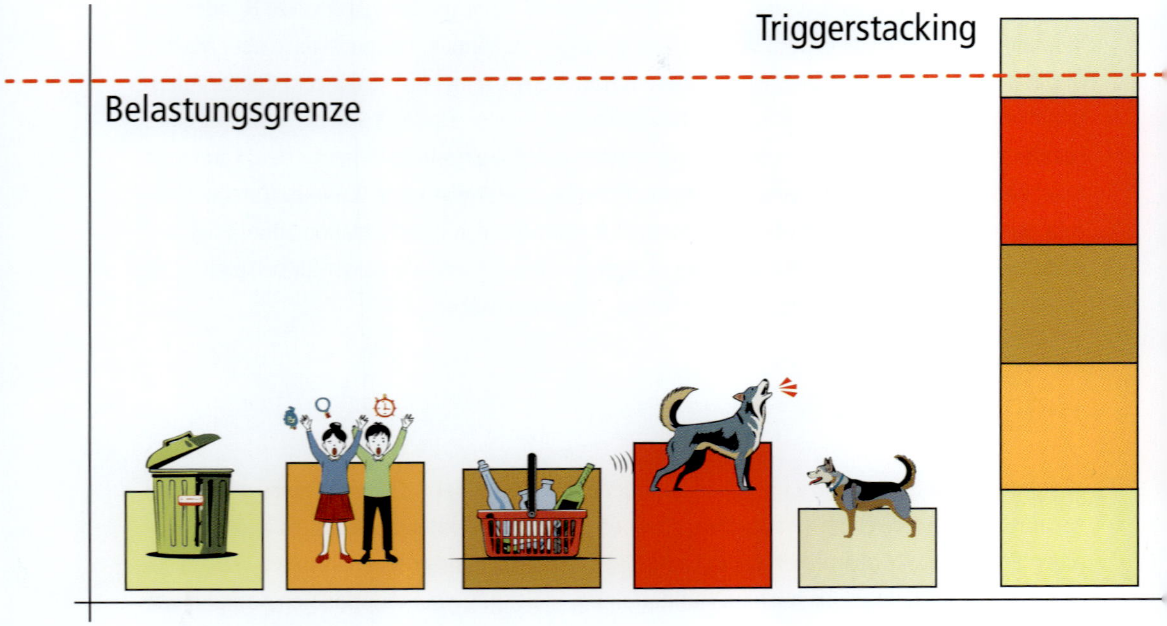

Grafik: Kerstin Diacont

So kann es sein, dass ein Hund, nennen wir ihn Bello, sich zu Beginn eines Spaziergangs schon erschreckt, weil irgendwo eine Mülltonne zugeknallt wird. Bello zuckt kurz zusammen. Anschließend laufen zwei kleine schreiende Kinder an ihm vorbei. Kurz danach ein Mann mit einer großen Tüte mit Glasflaschen, die aneinanderstoßen. Nun kommt ihm ein Hund entgegen, der ihn anbellt. Die Belastungssignale von Bello werden mit der Zeit immer deutlicher und die Reizschwelle ist allmählich erreicht. Der nächste Hund, der ihm entgegen kommt, ist schon etwas älter, total ruhig und kaum an ihm interessiert. Trotzdem ist Bellos Reizschwelle überschritten und er bellt den älteren Hund an. Der Halter fragt sich, wie es sein kann, dass der vorherige reaktive Hund keine so offensichtliche Reaktion in Bello ausgelöst hat, der ruhige jedoch schon. Bei Bello haben sich in kürzester Zeit immer mehr Stressoren angesammelt, durch die die Distanz zu seiner Reizschwelle immer geringer wurde. Der ruhige ältere Hund hätte als einzelner Reiz bei ihm wahrscheinlich keine Reaktion ausgelöst, doch nach all den vorherigen Situationen, war er der

Tropfen, der das Fass zum Überlaufen gebracht hat. Solche oder ähnliche Situationen erleben wir tagtäglich mit unseren Hunden. Doch warum ist das besonders bei ADHS so ein großes Thema?

Hunde, die an einem ADHS-ähnlichen Syndrom leiden, werden viel schneller von Reizen oder Situationen getriggert. Das kann verschiedene Ursachen haben. Einerseits haben sie es schwerer, Umweltreize zu filtern. Sie sind einem ständigen Strom an Informationen und Reizen ausgesetzt. Das kann dazu führen, dass sie vermehrt an ihre Belastungsgrenzen stoßen und somit zu impulsiverem Verhalten neigen.

Stellen Sie sich einen Cafébesuch vor. Schon für uns Menschen sind die Eindrücke häufig sehr viel. Wir riechen Kaffee und Kuchen, bekommen Gesprächsfetzen der Menschen um uns herum mit, hören das Klirren von Geschirr oder wie eine Kaffeemaschine den nächsten Kaffee zubereitet. Nach einiger Zeit können wir viele dieser Reize jedoch gut ausblenden und uns auf das Gespräch mit unserem Gegenüber konzentrieren. Ein Hund mit ADHS kann das nicht oder zumindest nicht so gut. Er bekommt weiterhin alle Eindrücke gleichzeitig mit und kann diese schlechter filtern oder gar ausblenden. Ist ein Hund in solchen Situationen dann weniger ansprechbar oder reagiert langsamer auf unsere Worte, so kann es daran liegen, dass er mit den Umgebungsreizen so überfordert ist, dass er sich nicht gut konzentrieren kann.

Hunde mit ADHS-ähnlichem Syndrom sind somit zwar nicht »mehr« Reizen ausgesetzt als andere Hunde, doch sie können diese schlechter abfangen und dadurch schneller in einen Stresszustand geraten. Das Ziel soll es jetzt nicht sein, den Hund »in Watte zu packen« und den Triggern aus dem Weg zu gehen. Ein gewisses Maß an Aufregung bzw. Anspannung ist sogar nützlich bzw. notwendig, um möglichst effektiv und produktiv zu sein. Nach dem Yerkes-Dodson-Gesetz (Yerkes & Dodson, 1908 – siehe Grafik auf der nächsten Seite) führt ein mittleres Maß an Anspannung zu der höchsten Produktivität und Effektivität. Übersteigt die Anspannung jedoch dieses Maß und wird zu hoch, so sinken Produktivität und Effektivität wieder und es führt zu Stress. Denken wir nun an unsere ADHS-Hunde, so befinden sich diese dauerhaft schon auf einem höheren Anspannungslevel. Kommen nun noch äußere Reize hinzu, die diese Anspannung erhöhen, sind wir schnell in einem Bereich, wo der Hund überfordert ist und weniger gut funktionales Verhalten zeigen kann. Die Schwelle, ab wann es für einen Hund zu viele Trigger sind, ist individuell. Um festzustellen, wann ein Hund diese Schwelle erreicht, sollte man sich mit den Belastungs- und Stresssignalen des eigenen Hundes auseinandersetzen und sich darin üben, diese rechtzeitig zu erkennen.

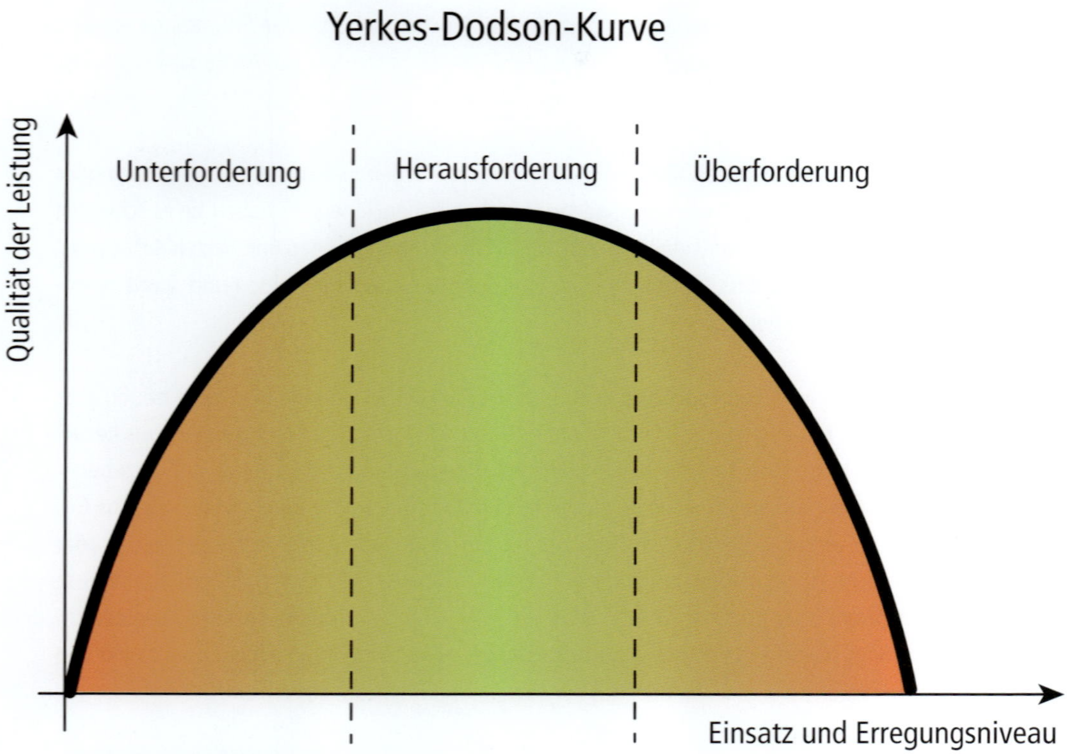

Grafik: Kerstin Diacont

Trainingstipps

Um an dieser Stelle ansetzen zu können, sollten Sie sich zuerst darüber bewusst werden, welche Situationen für Ihren Hund Trigger darstellen und wie sehr diese Ihren Hund triggern.

Triggerliste

Dazu können Sie folgende Fragen beantworten, um etwas mehr Licht ins Dunkle zu bringen:

- Welche Trigger Ihres Hundes kennen Sie schon? Machen Sie sich dazu gerne eine Liste.
- Wie sehr triggert dieser Reiz Ihren Hund? Bewerten Sie es von 1 – 3 (1 wäre ein leichter, 2 ein mittlerer und 3 ein starker Trigger).

Triggerliste von Bello

Mülltonnendeckel		X	
schreiende Kinder	X		
Mann mit Tüte und Glasflaschen	X		
bellender Hund		X	
ruhiger Hund	X		

Grafik: Kerstin Diacont

Schubladendenken

Sind Sie sich noch nicht sicher, welche Reize für Ihren Hund schwierig sein könnten, so sollten Sie ihn über mehrere Wochen noch etwas genauer als sonst beobachten. Oft hilft uns das sogenannte ›Schubladendenken‹, um die Situationen schneller einordnen zu können. Dazu können Sie entweder die einzelnen Reize in die entsprechenden Kategorien einteilen und eine Strichliste führen, um zu sehen, ob Ihr Hund auf eine bestimmte Reizgruppe mehr reagiert als auf andere oder Sie können die einzelnen Auslöser benennen. Ein Beispiel für Kategorien wäre es, diese nach Sinnen einzuteilen: akustische Reize (Hören), olfaktorische Reize (Riechen), visuelle Reize (Sehen), haptische Reize (Fühlen) und gustatorische Reize (Schmecken).

Murmelübung

Diese Übung kann Ihnen helfen, auf Spaziergängen den Überblick über die Trigger Ihres Hundes zu behalten. Dazu sollten Sie sich zuerst bewusst sein, welche Reizschwelle Ihr Hund besitzt, also mit wie vielen Triggern er gut umgehen kann und ab wann es für ihn zu viele sind.

Reizschwelle identifizieren

Jeder Hund hat eine individuelle Reizschwelle. Diese kann man durch Beobachten des eigenen Hundes mit der Zeit immer besser einschätzen. Ihre Triggerliste kann dazu jedoch auch eine große Hilfe sein. Nehmen wir wieder das Beispiel von Bello, so hatten wir dort den Mülltonnendeckel (2), die schreienden Kinder (1), den Mann mit Tüte voll Glasflaschen (1), den bellenden

Foto: ©xpixel/Shutterstock.com

Hund (2) und den ruhigen Hund (1). Zusammengerechnet hätte Bello nun eine Reizschwelle von einem Wert von 7.

Nun kommen die Murmeln ins Spiel. Für einen Spaziergang mit Bello würden wir uns nun 6 Murmeln mitnehmen und in unsere linke Jackentasche stecken. Wieso 6 und keine 7? Weil Bello bei einer Reizschwelle ab 7 überfordert ist und wir ihn am liebsten gar nicht in der Überforderung haben wollen. Sobald er mit einem seiner Trigger konfrontiert wird, nehmen wir die entsprechende Anzahl an Murmeln und legen sie von der linken in die rechte Jackentasche. So haben wir einen groben Überblick über das Stresslevel unseres Hundes und werden nicht mehr davon überrascht, wenn er schon von kleineren Reizen überfordert zu sein scheint. Doch was tun, wenn die Murmeln in der linken Tasche drohen auszugehen?

Dazu haben wir uns schon zu Beginn des Kapitels mit den Stärken unserer Hunde vertraut gemacht. Um das Trigger Stacking unserer Hunde zu unterbinden, können wir ihre Fähigkeiten und Kompetenzen aktivieren und so den entstandenen Stress oder die Belastung abbauen. Bei Bello hatten wir beispielsweise Soziales Spiel oder Kuscheln identifiziert. Merke ich, dass ich noch den gesamten Rückweg vor mir habe, aber nur noch eine oder 2 Murmeln, so könnte ich einen Stopp auf einer Wiese einlegen und ein soziales Spiel mit ihm beginnen (natürlich nur, wenn er darauf auch Lust hat). Konnte ich eine Stärke erfolgreich aktivieren und Bellos Stresslevel reduzieren, so kann ich wieder eine Murmel aus der rechten Tasche zurück in die linke Tasche legen.

Je nach Umgebungszustand kann es auch sinnvoll sein ins Management zu gehen. Das bedeutet, habe ich noch den Rückweg vor mir, aber nur noch 2 Murmeln, gehe ich einer unangenehmen Begegnungssituation lieber aus dem Weg und übe sie ein anderes Mal, wenn Bello noch mehr Kapazitäten hat. Das Ziel der Murmelübung ist es im Blick zu behalten, wann man seinen Hund überfordern könnte und dies zu verhindern.

Hier ein Beispiel, wie so ein Zwischenstopp mit einer Mischung aus Kuscheln und Spiel aussehen kann, um seinem Hund zu helfen, Stress abzubauen. Foto: Stephan Klement

Je mehr Kompetenzen wir in unseren Hunden ausbauen können und ihnen flexible Lösungsstrategien beibringen, desto wahrscheinlicher ist es, dass sich die Reizschwelle unserer Hunde verschiebt. Lernt Bello beispielsweise besser mit lauten Reizen wie dem Mülltonnendeckel umzugehen, so kann der Trigger von einer Stufe 2 auf eine Stufe 1 rutschen. Trigger wie der Mann mit den Flaschen können auch aus der Triggerliste wieder gestrichen werden. Außerdem bekommt Bello mehr Selbstbewusstsein und entwickelt eine bessere Selbstwirksamkeit, wodurch er nun eine Reizschwelle von 9 statt 7 hat und der Halter 8 statt 6 Murmeln auf seinen Gassigängen mitnehmen könnte.

Facts für Hundetrainer

Nutzen Sie das Prinzip der systematischen Desensibilisierung, also der schrittweisen Exposition von Reizen, die den Hund triggern können, sollten Sie bei Hunden mit ADHS-ähnlichem Syndrom noch kleinschrittiger vorgehen, als Sie es sonst tun. Eine gute Vorarbeit ist hier unumgänglich. Das Bewusstmachen, welche Trigger ein Hund, aber auch der Halter, in verschiedenen Situationen hat, bildet die Grundlage für das Training. Wichtig an der Stelle ist, dass sowohl Hund als auch Halter nicht überfordert werden, sondern sie die Möglichkeit bekommen, positive Lernerfahrungen zu machen. Dadurch können sie neue Problemlösewege lernen, schon bekannte verfestigen, das Nutzen von Fähigkeiten üben und das gegenseitige Vertrauen stärken. Kommt es zur Überforderung, so kann diese den positiven Effekten Steine in den Weg legen, sodass die Entwicklung langsamer voranschreitet und auch die Motivation davon beeinträchtigt sein kann.

Jeder Hund ist individuell und hat seine eigenen Kompetenzen, aber auch eigenen Trigger. Versuchen Sie so gut es geht, auf Vergleiche zu anderen Hund-Mensch-Teams zu verzichten. Solche Vergleiche führen häufig zu Frust und können Ihre persönlichen Fortschritte in ein schlechteres Licht rücken. Viel zu oft habe ich schon gesehen, wie sich die Halter von Hunden selbst im Wege stehen. Haben wir einen Hund mit einem ADHS-ähnlichen Syndrom, so können wir diesen Hund nicht mit vermeintlich »normalen« Hunden im Alltag vergleichen.

Wenn Sie jedoch dazu neigen, sich zu vergleichen oder auch gerne Ihre Fortschritte messbar machen wollen, dann können Sie ein Trainingstagebuch nutzen. Solche Tagebücher dienen dazu, einerseits das Zielverhalten zu definieren und andererseits Entwicklungen festzuhalten. Häufig vergessen wir, wo wir mal gestartet haben und was wir schon eigentlich alles geschafft haben, sondern sehen nur, wo wir noch hin wollen und was vielleicht noch nicht so läuft, wie wir uns das wünschen.

Fallbeispiel ›Candace‹

Ein Australian Shepherd mit hoher Erregbarkeit und neurologischer Vorgeschichte

Candace, eine Australian-Shepherd-Hündin, geboren am 29.09.2023, zeigte bereits früh eine überdurchschnittliche Erregbarkeit, selbst im Vergleich zu anderen Hunden ihrer Rasse. Candace lebt in einem Haushalt mit einer weiteren Mini-Australian-Shepherd-Hündin sowie zwei Katzen. Sie war von Beginn an sehr aktiv, unruhig und hatte ein starkes Bedürfnis nach Beschäftigung. Besonders in Bewegungssituationen ihrer Bezugsperson fiel auf, dass sie Schwierigkeiten hatte, selbstständig zur Ruhe zu kommen. Ohne klare Anweisung, sich hinzulegen oder eine Ruhepause einzuhalten, blieb sie in ständiger Aktivität.

Ein typisches Verhaltensmuster zeigte sich im Alltag: Während der Zubereitung des Futters für die Hunde lief sie regelmäßig im Kreis um die Küchentheke – es sei denn, sie wurde aktiv auf ihre Decke geschickt. Im Gegensatz dazu konnte sie sich entspannen, wenn ihre Bezugsperson sich selbst in Ruhe befand, beispielsweise auf dem Sofa oder im Bett.

Medizinische Vorgeschichte und Diagnose

Bereits sechs bis acht Wochen vor einer Diagnose und Operation begannen erste körperliche Auffälligkeiten: Candace entwickelte eine schiefe Haltung und zeigte zunehmendes Humpeln. Zunächst wurde dies als mögliche orthopädische Problematik eingestuft, weshalb der Fokus auf orthopädische Ursachen gelegt wurde. Erst als sich zusätzlich eine ungleiche Pupillengröße (Anisokorie) entwickelte, kam der Verdacht auf eine neurologische Ursache

Oben sieht man die weiterhin vorhandene Fehlstellung der Wirbelsäule von Candace.

Das untere Bild ist kurz nach der Operation entstanden.

auf. Die Anisokorie wurde durch eine Einengung des Liquorraums verursacht, die zu vorübergehenden Ausfällen führte. Diese Symptome bestätigten schließlich den Verdacht einer hochgradigen Syringohydromyelie, einer Flüssigkeitsansammlung im Rückenmark.

Im August 2024 wurde Candace daraufhin operiert. Die Behandlung wurde durchgeführt, indem von hinten (dorsal) ein Teil des Wirbelknochens entfernt wurde (Laminektomie). Zu diesem Zeitpunkt waren bereits eine S-Form der Wirbelsäule sowie eine Lahmheit vorhanden, sodass das Ziel der Operation in erster Linie darin bestand, den aktuellen Zustand zu stabilisieren und eine weitere Verschlechterung zu verhindern. Eine Regeneration war nicht zu erwarten, da das betroffene Rückenmark irreversible Schäden aufwies.

Candace erhält weiterhin regelmäßige Physiotherapie und Osteopathie, um die Muskulatur zu unterstützen und einer Verschlechterung entgegenzuwirken.

Verhaltensänderungen nach der Operation
Seit der Operation haben sich einige Verhaltensmerkmale verstärkt. Ihre Frustrationstoleranz hat abgenommen, sie reagiert schneller mit Bellen und zeigt ein noch stärkeres Bedürfnis nach Aufmerksamkeit. Zusätzlich hat sich ihr Sozialverhalten gegenüber Menschen und anderen Hunden verändert. Während sie vor der OP zutraulich und offen war, sich über fremde Menschen und Hunde freute und besonders Kinder positiv wahrnahm, zeigt sie nun eine verstärkte Unsicherheit.

Nach anfänglicher Unsicherheit geht Candace mittlerweile sehr gerne zu ihrer Physiotherapeutin Tamara Jost (Pfotenwerk Hundephysiotherapie), die hier links mit ihr zu sehen ist.

Insbesondere gegenüber Fremden reagiert sie sensibler und neigt stärker zum Bellen. Mit Kindern würde ihre Bezugsperson sie nicht mehr mit gutem Gewissen unbeaufsichtigt lassen, obwohl sie diese früher sehr mochte. Sie war zwar während ihres Klinikaufenthaltes über eine Woche lang auch mit fremden Menschen im Kontakt, doch waren alle Interaktionen dort laut den Haltern freundlich und positiv, sodass keine negativen Erfahrungen als Erklärung für die Verhaltensänderung vorliegen.

Auch draußen zeigt sich die erhöhte Erregbarkeit: Besonders zu Beginn von Spaziergängen oder an neuen Orten scannt sie ihre Umgebung hektisch ab, wirkt aufgeregt und angespannt und zeigt dabei vermehrtes, stoßartiges Hecheln.

Bei diesem Fall sollten uns die vielen verschiedenen Einflussfaktoren bewusst sein, die zu aufgeregtem und unruhigem Verhalten führen können. Dies ist sich Christiane, die Halterin von Candace, auch bewusst. Sie geht sehr einfühlsam und geduldig auf die Bedürfnisse ihrer Hündin ein und beide machen fortwährend Fortschritte im Training.

Was haben wir bei Candace durch Training und Management verändert?
Zu Beginn haben wir geschaut, in welchen Situationen die Hündin besonders aufgeregt reagiert oder zu reaktiven Reaktionen neigt. Dabei viel auf, dass ihr häufiges Bellen vor allem die Aufmerksamkeit ihrer Halterin auf sich ziehen sollte. Sie hörte auf zu bellen, sobald diese sich ihr zuwendete. Wir gingen dazu über, dass sie besonders für ruhiges Verhalten Aufmerksamkeit bekam und verstärkt wurde. Das Bellen entstand besonders häufig in Situationen mit vielen oder neuen Umweltreizen. Hundebegegnungssituationen, sowohl mit fremden als auch mit bekannten Hunden, waren ein häufiger Auslöser. Diese trainierte Christiane unter anderem in Social Walks. Ich denke, wir beide werden uns noch einige Zeit an den ersten Social Walk mit Candace erinnern. Mittlerweile können wir aber darüber schmunzeln. Candace hat die ersten 15 Minuten fast durchgebellt. Sie war noch so überfordert von den ganzen Hunden, dass sie kaum aus dieser Stresssituation heraus kam. Sie hat es sogar geschafft, während dessen an lockerer Leine zu laufen, doch die erste Überforderung hat man ihr sichtlich angemerkt. Auch, wenn es sehr stressig, vielleicht etwas zu stressig war, wollte Christiane diesen Social Walk damals nicht in so einer angespannten Situation verlassen, sondern mit einer positiven Lernerfahrung beenden. Und das hat sie auch geschafft. Candace konnte am Ende auf 2m Entfernung mit den anderen Hunden mitlaufen. Auch danach war sie noch sichtlich gestresst, weswegen wir kurzerhand nach dem Social Walk meine Hündin dazu geholt haben. Wir haben die beiden langsam einander kennenlernen lassen und das Ganze hat in einem tollen Sozialspiel geendet. Für Candace war es ein super Abschluss und sie war danach sichtlich entspannter. Alle weiteren Social Walks liefen seit dem deutlich besser. Candace ist mittlerweile eine der Hündinnen, an denen sich die anderen Hunde orientieren können.

Ein weiterer Auslöser war die zweite Hündin, Miley, mit der Candace zusammen lebt. Sie ist meist eher unsicher und die beiden stecken sich häufig gegenseitig mit ihrer Aufregung an. Auf gemeinsamen Spaziergängen wirkte Candace häufiger gestresst und tendierte schneller dazu ins Bellen zu kommen. Erst mal – ein ganz natürliches Verhalten. Einerseits hat jede Gruppe eine Eigendynamik und andererseits war Miley ein Ablenkungsfaktor mehr, der Candace Aufmerksamkeit auf sich zog. Christiane hat dann angefangen mit beiden häufiger einzelne Gassirunden zu gehen und zu trainieren. Sie berichtete mir große Erfolge davon. Bei den »Einzeltrainings« ist sie gezielt mit Candace in Situationen gegangen, die Aufregung hervor-

Candace steht in engem Kontakt zu ihrer Mutterhündin und sie gehen häufig im »Rudel« gemeinsam spazieren.

Candace mit ihrer großen Schwester Miley.

rufen. Sie hat sich die Zeit genommen, dass Candace dabei lernen konnte runter zu kommen, die Reize wahrzunehmen und mit ihnen umzugehen, ohne dass es sie überforderte. Beispielsweise sind sie gemeinsam zum Bäcker gegangen oder haben sich mal in eine Eisdiele gesetzt.

Aktuell fangen wir an, die beiden wieder mehr gemeinsam zu fordern. Beispielsweise sind sowohl Miley als auch Candace engagierte Schnüffler und arbeiten bei mir in einem Nasenkurs mit einer Passivanzeige verschiedener Gegenstände. Vor kurzem hat Christiane mal wieder beide dabei gehabt. Sie war sich zu Beginn unsicher, ob es klappt, da sie sonst eher separat mit den Hunden trainiert hat. Doch es war ein voller Erfolg. Candace hat es geschafft sowohl in Anwesenheit der anderen Hunde konzentriert zu arbeiten als auch alleine auf ihrem Platz zu warten, während Christiane mit Miley gearbeitet hat. Ein paar Wochen früher wäre das kaum zu denken gewesen.

Christiane und Candace machen im Training zunehmend Fortschritte und sind ein tolles Team. Ich kann nur sagen, dass ich als Trainerin richtig stolz auf die beiden bin. Ich habe Christiane mal gefragt, was ihre top 5 Tipps sind, die ihr am meisten geholfen haben:

1. Separates Trainieren mit Candace.
2. Langsames Heranführen an neue oder ungewohnte Umgebungsreize.
3. Auf das eigene Stressmanagement achten, um die eigene Anspannung weniger auf die Hunde zu übertragen (z.B. durch Meditation).
4. Über positive Verstärkung mit Candace zu kommunizieren, wenn sie gutes, ruhiges Verhalten zeigt und dabei nicht nur auf Leckerchen zurückzugreifen, sondern besonders auf soziales Lob.
5. Mehr Ruhe in den Alltag bringen und diese auch priorisieren.

ADHS-Fragebogen
Aufmerksamkeitsdefizit: 7/18
Hyperaktivität & Impulsivität: 12-14/21
Gesamtscore: 19-21
Summenwert von 19-21

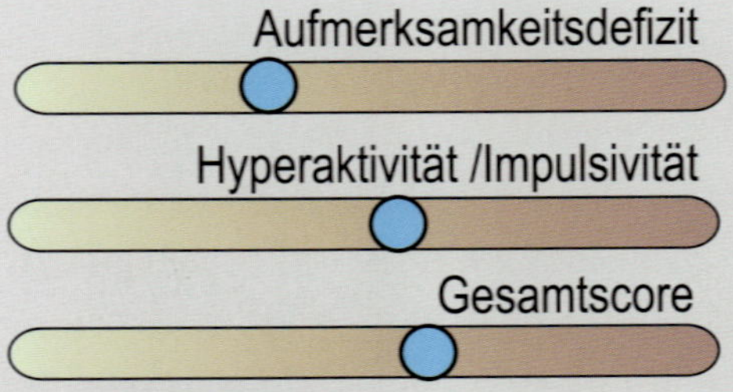

Die Skala zeigt die Ergebnisse des ADHS-Fragebogens nach Vas et al., 2007 von der Hündin Candace.

Ein Blick hinter die Kulissen der ADHS-Therapie

In der Verhaltenstherapie bei ADHS gibt es verschiedene Ansatzpunkte, um mit der Symptomatik umzugehen. Geissler und Kollegen (2019) benennen in ihrem Buch »Verhaltenstherapie bei ADHS im Jugendalter« unter anderem Schwerpunkte wie Alltagsorganisation und -planung, Konzentrationsförderung, Stressbewältigung und Umgang mit Emotionen, ADHS-Medikation, aber auch Selbstfürsorge für die Eltern. Wir schauen uns nun an, inwieweit solche Themen auch im Training mit Hunden mit AHDS-ähnlichem Syndrom ihre Anwendung finden.

Alltagsorganisation und -planung

Für Hunde kann eine feste Tagesstruktur mit etablierten Routinen einen großen Schutzfaktor darstellen. Routinen bieten Hunden eine gewisse Verlässlichkeit und Planbarkeit des menschlichen Handelns, der Körper des Hundes stellt sich auf beispielsweise feste Essens- oder Gassigehzeiten ein. Gerade für Hunde mit ADHS-ähnlichem Syndrom können feste Strukturen umso wichtiger sein. Ein planbarer Alltag verschafft einem Hund mehr Sicherheit und führt zu weniger Überstimulation. In diesem Kontext kann es auch wichtig sein auf die Gassigehstrecken zu achten. Es kann helfen, für einen Zeitraum zum großen Teil »Hin-und-zurück-Strecken« zu laufen. Damit wird der Hund nicht auf dem gesamten Spaziergang von neuen Eindrücken überrumpelt, sondern kann auf dem Rückweg schon bekannte Gerüche weiter erkunden. Auch eine zu hohe Variation der Strecken kann zu vermehrter Unruhe und Reizüberforderung führen.

Foto: Stephan Klement

Fallbeispiel Bosko

Ein Boxer ohne feste Bezugspunkte

Vor etlichen Jahren wurde uns von einer befreundeten Pensionsbetreiberin und Hundetrainerin der Fall eines zweijährigen Boxerrüden vorgestellt, der in ihrer Hundepension regelmäßig für Aufruhr sorgte. Nach den Angaben der Betreiberin musste sie den Hund, nennen wir ihn Bosko, buchstäblich alle 30–45 Minuten aus der jeweiligen Pensionsgruppe herausnehmen und in die Nachbargruppe verpflanzen. Er hatte buchstäblich in dieser Zeit alle Mitglieder seiner Gruppe in Grund und Boden gespielt, sodass diese völlig erschöpft und nicht mehr weiter spielfähig waren. Dieses Treiben konnte sie, da sie nicht allzu viele Gruppen gleichzeitig betreute, nicht den ganzen Tag über durchhalten. Zudem kam sie zu der Erkenntnis, dass das ja wohl auch nicht die richtige Form einer Pensionsbetreuung für Bosko sein könnte. Daraufhin bat sie uns um Hilfe und Beratung.

Neben seinem noch pubertierenden Alter waren bei Bosko noch einige weitere Risikofaktoren in seinem Alltag zu beobachten: Bosko befand sich zwei bis drei Tage in der Woche bei der genannten Hundepension. Zwei Tage war er bei den Eltern der Hundehalterin in einem Einfamilienhaus mit Vorgarten. Und drei Tage, nämlich das verlängerte Wochenende, befand er sich bei seiner eigentlichen Bezugsperson in der Wohnung. Diese ständig wechselnden Lebensumstände sind schon für einen Hund ohne größere psychische Auffälligkeiten eine große Herausforderung. Hunde sind, wie eben gerade die auf seite 142 zitierten Streunerhunduntersuchungen belegen, sehr wohl ortsgebunden, auch wenn ihre Territorialität nicht so stark ausgeprägt ist wie beispielsweise die von Wölfen. Eine Ortsbindung, eine vertraute Umgebung, wo man »abhängen« kann, wird in der Verhaltensbiologie als Heim erster Ordnung beschrieben. Dieses Heim erster Ordnung bietet eine maximale Sicherheit und kann dementsprechend auch zu einem wirklich entschleunigten, beispielsweise auch im Tiefschlaf stattfindenden Beruhigungs- und Entspannungsprozess beitragen. Dass Bosko dieses Heim erster Ordnung an drei verschiedenen Stellen haben könnte, wäre für einen Hund ohne entsprechende Veranlagung vielleicht noch bewältigbar. Auch Streunerhundegruppen sind auf verschiedenen Waldlichtungen oder auf verschiedenen Marktplätzen gleichermaßen zur Entschleunigung befähigt.

Bosko jedoch hatte ganz offensichtlich eine anderweitige Veranlagung.

Foto: ©Dora Zett/Shutterstock.com

Im Zusammenhang mit diesen Umständen wurden dann verschiedene Empfehlungen von uns ausgesprochen. Ideal wäre es gewesen, wenn die Lebensumstände des Hundes sich zu einer größeren Kontinuität hätten ändern lassen. Da dies nicht der Fall war, wurde zumindest auf eine starke Ritualisierung geachtet. Alle für den Hund wichtigen Ereignisse des Tages, sei es Fütterung, Ortswechsel, Spaziergänge etc. wurden durch eindeutige, nur für diesen Zweck zuverlässig entwickelte und angewendete Rituale angekündigt und durch ebenso deutliche, ebenfalls nur für diesen einen Zweck genutzte Abschlussrituale beendet.

Eine größere Raum- und Zeit-Kontinuität wurde erreicht, indem zumindest die Abgabe- und Abholzeiten in der Pension bzw. bei den Eltern immer zur gleichen Uhrzeitstunde stattfanden. Der Tagesrhythmus des Hundes konnte sich dadurch schon etwas entspannen.

Einige gewohnte Gegenstände, die gewissermaßen den Hund immer begleiteten und als »mobiler Hausstand« dienen konnten, wurden eingeführt.

Zudem wurde die Fütterung abgeändert, eine bisher übliche stark fleischlastige Ernährung wurde auf eine mehr dem biologischen Bedarf eines Haushundes angepasste Gemischtkost geändert.
Bereits mit diesen Maßnahmen konnte Bosko deutlich entspannen, er war immer noch ein überschäumend – temperamentvoller, pubertierender Boxerrüde, aber er konnte sogar wieder für längere Zeit in einer Hundepensionsgruppe bleiben, wenn gleich er doch dann irgendwann für die Kumpanen in dieser Gruppe zu anstrengend geworden wäre. Eine teilweise Einzelunterbringung in einem ruhigen, mit nicht allzu viel Ablenkung von außen versehenen Raum war dann für ihn der Einstieg in die Entspannung.

Konzentrationsförderung
Bei der Konzentrationsförderung müssen wir besonders darauf achten, dass die ablenkenden Reize für den Hund schon so auszuhalten sind, dass er überhaupt in der Lage ist, sich davon abwenden und konzentrieren zu können. Eine dafür gut geeignete Übung ist das »Dreiecksspiel«.

Trainingstipps

Das Dreiecksspiel
Das Dreiecksspiel, wie der Name schon sagt, besteht daraus ein Dreieck zu bilden. Die eine Ecke des Dreiecks bildet der Hund, die zweite der Halter und die dritte Ecke bildet eine Ablenkung. Die Distanzen können dabei abhängig von der Situation verschieden sein. Je nachdem wie das Dreieck konfiguriert ist, steigt oder sinkt die Schwierigkeit mit entsprechender Konstellation. Ist die Ablenkung näher am Hund als der Halter, so ist es schwerer für den Hund sich auf den Halter zu konzentrieren als wäre sie weiter weg. Muss der Hund sich von der Ablenkung zum Halter hin in die entgegengesetzte Richtung abwenden, so kann auch das schwieriger sein, als wenn Ablenkung und Halter näher bei einander sind.

Dieses »Spiel« kann man im Alltag dafür nutzen, trotz einer Ablenkung Konzentration vom Hund einzufordern – beispielsweise über Blickkontakt oder ein Hand-Touch-Signal (der Hund soll dabei mit seiner Schnauze die Handfläche des Halters anstupsen) – und die Schwierigkeit dabei variabel anzupassen.

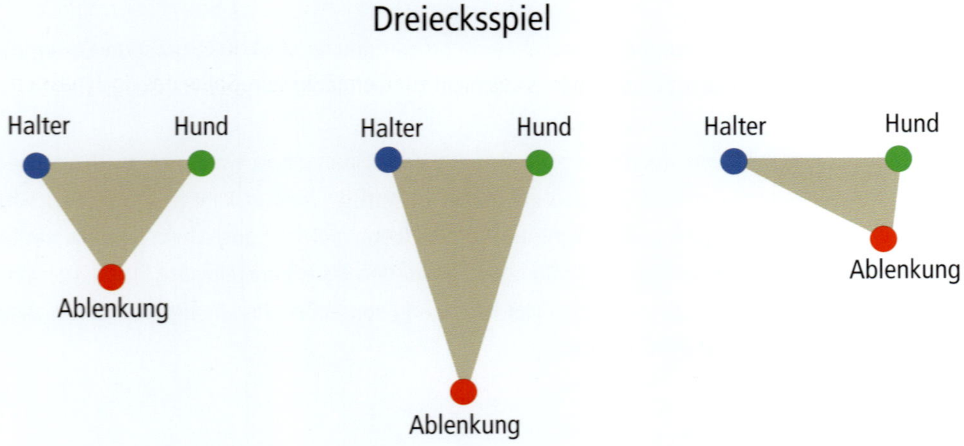

Stressbewältigung und Umgang mit Emotionen

Sowohl in Trainingssituationen als auch im ganz normalen Alltag kann es immer wieder dazu kommen, dass unsere Hunde in Anspannung geraten. Auch aufkommende Emotionen können für Hunde belastend sein und langfristig zu Stressoren werden, wenn sie nicht wissen damit umzugehen. Häufig sieht man, dass dies durch verschiedenste Beschäftigungsideen versucht wird zu kompensieren und den Hund »müde zu machen«. Doch sollte das wirklich das Ziel sein? Für den Umgang und die Anwendung von angemessenen Beschäftigungsideen (siehe Exkurs ab Seite 54).

Doch abgesehen von der Beschäftigung unserer Hunde, ist das Zur-Ruhe-Kommen ein noch viel wichtigeres Thema. Bei Hunden mit ADHS-ähnlichem Syndrom geht es an erster Stelle darum, in Situationen mit vielen Reizen zu lernen, diese auszuhalten und die emotionale Reaktion, die häufig mit Stress verbunden ist zu reduzieren. Dazu kann das Prinzip der »Systematischen Desensibilisierung« nach Wolpe (1959) genutzt werden. Dieses besteht aus einer Kombination von graduierter bzw. schrittweiser Konfrontation von Triggern gepaart mit Entspannungstechniken (Margraf & Schneider, 2018). Hierzu sollte man sich seine erstellte Triggerliste zur Hand nehmen und aus der »Murmelbewertung« eine Art Hierarchie aufstellen, beginnend mit den geringsten und abschließend mit den größten Triggern. Außerdem sollten Entspannungstechniken etabliert werden, wie beispielsweise die genannte Übung von Sarah Mertens (Exkurs ab Seite 54). Eine Trainingseinheit beginnt immer mit einer Entspannungsübung. Wurde diese durchgeführt, so kann die Konfrontation mit einem der kleineren Trigger eingeleitet werden.

Denken wir zurück an unseren Hund »Bello«. Für Bello waren schreiende Kinder ein kleiner Trigger. Um diesen Trigger etwas planbarer zu nutzen, gehen wir mit Bello zu den Pausenzeiten der örtlichen Schule zu einer nahegelegenen Bank. Wir sind etwas vor Pausenbeginn (ca. 5 Minuten früher) dort und starten unser Ruheritual. Die Kinder kommen aus ihren Klassenräumen und toben auf dem Schulhof herum, während wir uns die Situation aus sicherer Entfernung ansehen. Die Situation darf Bello aufregen, aber es soll nicht zu übermäßig sein. Sollte das doch passieren, kann eine erneute Ruheübung gestartet werden. Für den ersten Tag sollte man erst einmal eine kurze Konfrontationsdauer wählen. Bello soll die Situationen meistern können und lernen, dass er mit den Reizen umgehen kann. Eine Überforderung an der Stelle kann kontraproduktiv sein. Hat dies gut geklappt, so können wir Tag für Tag die Dauer vor Ort erhöhen. Der nächste Schritt könnte sein, dass wir mit Bello näher an den Schulhof gehen oder mal zu einer anderen Schule fahren. Auch der Schulbeginn wäre eine geeignete Trainingssituation, da das Gewusel am Morgen häufig noch größer ist.

Wurde nun eine Konfrontation durchgeführt, so sollte diese auch wieder mit einer Entspannung beendet werden, damit die entstandenen Emotionen oder auch Stressreaktionen verarbeitet und reduziert werden können. Das schrittweise Vorgehen ist ein zentraler Aspekt an dieser Stelle, der das Ziel in kleine erreichbare Teilziele zerlegt und somit die Motivation fördern, aber auch die Fortschrittskontrolle erleichtern kann. Zu große Schritte können zu Überforderung und Frust sowohl bei Hund als auch Halter führen und sollten daher vermieden werden.

Facts für Hundetrainer

Solche Konfrontationssituationen können nicht nur für den Hund belastend sein, sondern auch für den Halter. An dieser Stelle kann es sinnvoll sein, das Prinzip nicht nur auf den Hund, sondern auch auf den Halter anzuwenden und ihn dementsprechend aufzuklären. Eine Entspannungsübung für den Hund kann mit einer Atemtechnik für den Menschen verbunden werden.

Atemtechnik für Hundehalter

Das Ziel dieser Übung ist, dass länger ausgeatmet als Luft eingeatmet wird. Durch eine verlängerte Ausatmung wird das parasympathische Nervensystem aktiviert, was eine stressreduzierende Funktion hat.

Der Hundehalter darf das erste Mal dabei gerne auch angeleitet werden. Eine häufig genutzte Frequenz ist die 4–6 Atmung. (Es darf aber natürlich individuell angepasst werden. Hauptsache das Ausatmen ist länger als das Einatmen.)

»Wir atmen jetzt gemeinsam in einem Rhythmus.
Atme durch die Nase ein – 1 – 2 – 3 – 4
Und durch den Mund langsam wieder aus – 1 – 2 – 3 – 4 – 5 – 6.
Duch die Nase einatmen – 1 – 2 – 3 – 4
und durch den Mund ausatmen – 1 – 2 – 3 – 4 – 5 – 6.«

Wenn wir aufmerksam sind, dann sehen wir, welche Strategien unsere Hunde von sich aus schon anwenden oder auch bevorzugen, wenn es um Stressbewältigung oder den Umgang mit Emotionen geht. Gerade Hunde mit einem ADHS-ähnlichen Syndrom neigen beispielsweise dazu, Gegenstände zu zerstören. Das können wir uns zu Nutze machen und solchen Hunden gezielt Kartons, Klopapierrollen oder Hundespielzeuge wie Kauwurzeln anbieten. So können sie ihre Emotionen wie Frust, aber auch übermäßige Freude, allein zu regulieren lernen. Ein solches

Spielzeug sollte auch für den Hund immer zugänglich sein, damit er es selbstständig zur Emotionsregulation nutzen kann.
Nehmen wir das Beispiel von Besuchssituationen: Der Hund ist super aufgeregt und freut sich über eingetroffene Menschen. Er wird übermütig und ist kurz davor, die Menschen anzuspringen, weil er nicht weiß, wie er mit dieser großen Freude umgehen kann. Gibt man dem Hund in solch einer Situation beispielsweise immer das gleiche Spielzeug, auf dem er kauen kann, so lernt er mit seinen Emotionen umzugehen und sie selbstständig zu regulieren.

Macht man dies möglichst regelmäßig, kann ein Hund irgendwann von alleine merken, wann er in Besuchssituationen zu aufgeregt wird und sich sein Spielzeug nehmen, um sich wieder herunterzufahren. Schon hat Ihr Hund eine neue Problemlösestrategie gelernt. Ein weiterer Aspekt solcher Kaubeschäftigungen ist, dass sie sowohl die physische als auch die psychische Gesundheit unterstützen. Bei sehr angespannten Hunden, kann Kauen Stress senken und den Hund wieder in ein moderates und angemessenes Level bringen, da es die Stimulation der HPA-Achse reduziert (Quinn et al., 2025). Bei manchen Hunden kann auch eine Art der aktiven Entspannung die Methode der Wahl sein. Gerade statisches Verhalten kann für Hunde mit einem erhöhten Erregungsniveau sehr schwierig sein. Einige Hunde profitieren an dieser Stelle von der Möglichkeit in Ruhe zu schnüffeln oder auch herumzuschlendern, um in einen ruhigeren Zustand zu kommen.

Foto: Stephan Klement

Selbstfürsorge für Eltern bzw. Halter

Gerade im Zusammenleben mit einem Hund mit ADHS-ähnlichem Syndrom

Foto: Stephan Klement

können immer wieder für den Halter belastende Situationen aufkommen. Der Halter muss viel um seinen Hund herum managen. Kommt es beim Halter auch aus anderen Gründen zu Belastungen, kann diese sich durch die sogenannte »Stimmungsübertragung« auf den Hund übertragen. Eine Studie von Sümegi und Kollegen (2014) hat gezeigt, dass sich die Belastung von Hundehaltern auf den Hund übertragen kann und dadurch unter Umständen die kognitive Leistungsfähigkeit des Hundes beeinträchtigt wird. Schon im Fallbeispiel von Candace erwähnt deren Halterin, dass das Reduzieren des eigenen Stresslevels, beispielsweise durch Meditationen, einen großen Effekt für beide hatte. Dabei spielt nicht nur die Körpersprache oder weitere, meist eher unbewusste Signale eine Rolle, sondern auch die Tonlage, in der der Hund angesprochen wird (Huber et al., 2017). Es wird angenommen, dass Tonlagen, die einen negativen Eindruck

verschaffen, für Hunde wichtiger sind, da sie eine potentiell bedrohliche Situation andeuten könnten, als positiv wahrgenommene Tonlagen. Umso wichtiger ist es für den Halter, aber auch für den Hund, dass der Halter sich gut um sich selbst kümmert.

Facts für Hundetrainer

Stimmungsübertragung, Trigger Stacking u.v.m. sind nur einzelne Beispiele die bewusst machen, wie wichtig es ist, die Gesamtsituation eines Hundes zu beurteilen. Hund und Halter beeinflussen sich immer gegenseitig und sollten auch gleichwertig in das Training und die Trainingsplanung einbezogen werden. Hundetrainer sind keine Therapeuten, doch sollten sie trotzdem ein geschultes Auge dafür entwickeln, welche Parameter der Mensch durch sein Verhalten allein schon verändern kann und wie nicht nur der Mensch selbst, sondern auch der Hund davon profitieren kann. Achten Sie auf Tonlagen, auf Stimmungen, fragen Sie nach, was die Halter in Bezug aufs Training belastet und versuchen Sie an einer positiven, wohlwollenden Grundhaltung gegenüber Hund und Training zu arbeiten. Weisen Sie den Halter darauf hin, wie verschiedene Tonlagen oder auch Bewegungen vom jeweiligen Hund wahrgenommen werden können. Wichtig ist, dass der Halter dabei nicht das Gefühl bekommt, er sei schuld an dem Verhalten seines Hundes, sondern es als eine Chance präsentiert wird, wie der Hund gefördert werden kann. Bewusstsein über das eigene Verhalten, wie Körpersprache oder genutzte Tonlagen, das eigene Stresslevel etc., sollen keine Beschuldigungen sein, sondern zur Problemlösung beitragen. Bewusstsein kann eine nicht zu unterschätzende Stärke darstellen.

Fallbeispiel Hexe

Der Fall Hexe wurde uns von einer befreundeten Trainerin bereits vor etlichen Jahren geschildert. Es handelt sich um eine Malinois-Hündin, deren Halterin offensichtlich beeinflusst durch ihre frühere Trainerin der Meinung war, das wolfslastige Ernährungsmodell mit möglichst viel Fleischanteil auf ihre Hündin übertragen zu müssen. Sie fütterte, im Gegensatz zu den sonst üblichen Empfehlungen, plötzlich mit einem Futter, das auf Basis von Rindfleisch mit ca. 32–35 % Rohproteinanteil im Trockenfutter ausgestattet war. Bereits wenige Tage nach dem Einsatz dieses Futters wurde Hexe zunehmend immer nervöser, hektischer und entwickelte neben der Hyperaktivität auch eine deutlich erkennbare, vorwärts gerichtete Präventivschlagaggression.

Die Halterin hat diese für sie unerfreulichen Entwicklungen ca. 3–4 Wochen beobachtet, dann wandte sie sich an ihre neue Trainerin. Diese empfahl zuallererst die Futterumstellung zurück zu einem Futter mit einem Rohproteinanteil von unter 25 % im Trockenfutter. Zudem wurde an-

Foto: Vet Lässig

statt des bisher gefütterten Rindfleischs ein auf Lammfleisch basierendes Futter gewählt. Auch, wenn die Verhaltenseigenschaften von Hexe sich zumindest in Bezug auf die Nervosität und Hyperaktivität bereits nach wenigen Tagen wieder änderten, dauerte es ca. ein halbes Jahr intensiver Arbeit mit der neuen Trainerin, bevor auch die Präventivschlagaggression, die schon leicht in Richtung einer sogenannten Lustrauferin ging, wieder reduziert und ein normales, sozial angepasstes Verhalten erreicht werden konnte.

Gerade die im Rindfleisch enthaltenen, vorwiegend der Bildung der Katecholamine dienenden Aminosäuren Phenylalanin und Tyrosin sind es, die diese Verhaltenseigenschaften höchstwahrscheinlich bewirkt haben. Da gerade die Katecholamine zu einer schnellen und erfolgsorientierten Fixierung von selbst nur einmalig oder selten erlebten Situationen führen, ist der schnelle Lernerfolg und die Nachhaltigkeit des neu erworbenen Verhaltens eben nur schwer wieder zu ändern. Und dies insbesondere bei Hunden von Workaholic-Rassen. Die genaueren Zusammenhänge dieser Auswirkungen auf Gehirnfunktion und Botenstoffwechsel siehe Haupttext.

Foto: Vet Lässig

Ernährung und vieles drum rum

Die meisten Informationen, die über Zusammenhänge zwischen Ernährungsweise, Nahrungszusammensetzung und der Ausprägung von ADHS-artigen Symptomen erstellt wurden, beziehen sich entweder auf Reihenuntersuchungen an Menschen, insbesondere Kindern und Jugendlichen aus verschiedensten Regionen der Erde, oder in geringerem Ausmaß auf Labortierstudien. Untersuchungen an Hunden zu diesem Thema sind bisher äußerst spärlich und sie beziehen sich oft mehr auf Fallstudien als auf systematische Datensammlungen.

Die großen Lehrbücher der Verhaltensmedizin und Psychiatrie des Hundes (Karen Overall, 2013; Schroll und Dehasse, 2016; Masson et al., 2024) haben einige, allerdings eher allgemeine Hinweise zu diesem Thema. Die genannten Lehrbücher betonen ausdrücklich, dass es ADHS-artige Symptomatik bei Hunden sehr wohl gibt und dass diese Problematik auch nicht heilbar wäre. Es geht also im weiteren Sinne doch eher um Managementmaßnahmen, auch was die Ernährung betrifft.

Foto: Stephan Klement

Eine Empfehlung, die im Fallbeispiel Hexe bestätigt wurde, ist, den Proteingehalt der Nahrung deutlich abzusenken. Hier sind wichtige Wechselwirkungen zwischen der Aufnahme verschiedener Aminosäuren in den Hirnstoffwechsel und der Konzentration dieser Aminosäuren im Blut (und damit letztlich in der Nahrung) bedeutsam. Ein wichtiger Zusammenhang besteht in der Aufnahmebereitschaft über die Bluthirnschranke, also der Grenzschicht zwischen dem Blutkreislauf und dem Hirnstoffwechsel. Die meisten Substanzen, auch und gerade solche, die der Hirnstoffwechsel braucht, können nicht einfach so durchtreten. Es befinden sich dort Eiweiße, die eine Autorin in einem anderen Zusammenhang (Rettich, 2023) als Türsteher bezeichnet hat. Diese Türsteher lassen, wie das Türsteher auch an Clubs und ähnlichen Einrichtungen so an sich haben, nicht jeden gleich gerne und gleich schnell durch. Umgekehrt gibt es einige Aminosäuremoleküle, die sich selbst eher »schüchtern im Hintergrund halten«, andere die eher mit Ellenbogen nach vorne drängeln. Zu denen, die mit Ellenbogen nach vorne drängeln, gehört beispielsweise das Phenylalanin oder dessen Verwandter Tyrosin. Beide sind lebenswichtige Bestandteile unter anderem der Katecholamine, über deren Wirkung im Hirnstoffwechsel wir ja im Kapitel 2 schon gelesen haben. Eine der kleinen Schüchternen ist dagegen die Aminosäure Tryptophan, die nun mal für die Bildung des Serotonins als natürlichem Stimmungsausgleicher und als Botenstoff der passiven Zufriedenheit wichtig wäre. Zusammenstellungen der Hundeernährungsliteratur (siehe Strodtbeck und Schröder, 2020, für eine Literaturübersicht) zeigen nun, dass bei insgesamt höherer Konzentration von Aminosäuren im Blut das Tryptophan immer mehr ins Hintertreffen gerät, während sich Phenylalanin und andere Rüpel immer weiter nach vorne drängen. Eine Möglichkeit, dem Tryptophan einen kleinen Vorteil an der Bluthirnschranke zu verschaffen, besteht in der gleichzeitigen Gabe von Kohlenhydraten. Dann wird nämlich über einen komplizierten Mechanismus die Ausschüttung des Bauchspeicheldrüsenhormons Insulin gesteigert. Dieses wiederum erleichtert die Übernahme des Phenylalanins in andere Körperzellen. Damit hat das Tryptophan etwas weniger Konkurrenz am Türsteherprotein.

Hier zeigt sich also auch zum ersten Mal, dass Kohlenhydrate durchaus für die Ernährung von Hunden, gerade bei solchen mit Hyperaktivitäts-, Nervositäts- und ähnlichen Auffälligkeiten, sehr wohl positive Auswirkungen haben können.

Außerdem erinnern wir uns doch an die Studien von Holly Miller und ihrem Team (z.B. Miller und Bender, 2012), dort wurde eindeutig gezeigt, dass Hunde, die eine gleichmäßige Versorgung mit Kohlenhydraten und sogar auch mit leicht verdaulichen Zuckern aufweisen, konzentrierter, ausdauernder und erfolgsorientierter an verschiedensten Such-, Bastel- und ähnlichen Denksportaufgaben arbeiten können. Sie gehen eine geringere Gefahr ein, in der Nähe eines unfreundlichen Artgenossen plötzlich dessen unerwünschtes Verhalten auszulösen.

Foto: Stephan Klement

Andererseits, und das sind überwiegend Befunde aus der Humanernährungswissenschaft, ist gerade Rohrzucker und wahrscheinlich auch andere, leicht verdauliche und schnell ins Blut übergehende Zuckerstoffe, ein Risikofaktor für die Entstehung von ADHS-ähnlichen Symptomen (siehe Lange, 2020; Lange et al., 2023; Pinto et al., 2022). Die genannten Übersichtsartikel weißen eine Reihe von Zusammenhängen zwischen Ernährungsweise und dem Risiko einer ADHS-artigen Störung auf. Gerade Kinder und Jugendliche mit einem hohen Anteil von »ungesunder Ernährung« – beispielsweise Schokolade, Chips, Kakao oder eben auch leicht verdauliche Einfachzucker – haben ein höheres Risiko der ADHS-Entstehung. Es zeigt sich bei einer Nahrungsumstellung schon im Laufe einiger Wochen eine deutliche Verbesserung. Das Henne-Ei-Problem kann also an dieser Stelle weitgehend beantwortet werden.

Ebenso bedeutsam ist jedoch, dass eben, wie oben gezeigt, der Traubenzucker die einzige, leicht in den Hirnstoffwechsel übertretende Energieträgersubstanz ist und gerade bei konzentrierter Arbeit dementsprechend auch notwendig wird. Gerade die Untersuchungen von Holly Miller und ihrem Team haben gezeigt, dass Fruchtzucker diese Wirkung bei Hunden nicht entfalten

kann, obwohl er energetisch die gleichen Bestandteile hätte (deshalb wird er ja auch für Diabetiker verwendet).

Weitere Nährstoffe, insbesondere sogenannte Mikronährstoffe, die in neueren Übersichtsarbeiten im Zusammenhang mit der Reduzierung von ADHS-Symptomatik beim Menschen genannt werden, sind Magnesiumionen und Vitamin D. Weniger klar dagegen ist die Rolle ungesättigter Fettsäuren, insbesondere der Omega-3-Fettsäuren. Während diese in anderen Zusammenhängen der Verhaltenssteuerung (siehe wiederum die Zusammenstellungen bei Strodtbeck und Schröder, 2020) deutlich bestätigte Wirkungen haben, ist ihre Auswirkung im Zusammenhang mit der Korrektur oder Erleichterung ADHS-artiger Symptome noch nicht eindeutig belegt, wie gerade die Zusammenstellungen von Klaus Lange und seinem Team (Lange, 2020; Lange et al.; 2023) zeigen. Offensichtlich, darauf deuten zumindest einige Befunde hin, geht es hier nicht nur um die Versorgung mit Omega-3-Fettsäuren, sondern auch um das Verhältnis von Omega-3-Fettsäuren, Omega-6-Fettsäuren und anderen, mehrfach ungesättigten Fettsäuren in der Ernährung.

Lange Zeit wurde beim Menschen über einen Zusammenhang zwischen künstlichen Farbstoffen in der Nahrung und der Ausprägung der ADHS-Symptomatik gesprochen. Die von Lange, Pinto und anderen zusammengetragenen Studien lassen jedoch hier keinen Zusammenhang erkennen.

Ein ganz anderer Ansatz im Zusammenhang mit der Ernährung wurde dagegen in den genannten Übersichtsarbeiten mehrfach erwähnt: Unverträglichkeiten verschiedener Nährstoffe, die individuell unterschiedlich sein können, sind offensichtlich im Zusammenhang mit der Entstehung von ADHS-Symptomatik ebenfalls zu berücksichtigen. In vielen Fällen hat eine sogenannte Ausschlussdiät, also die Versorgung mit nur einer eingeschränkten, engen Auswahl verschiedener Nahrungsbestandteile, eine Verbesserung erbracht und dies auch auf individuell unterschiedlicher Basis. Solche, als »Wenig-Nährstoffe-Diät« (»Few-Foods-Diet«) bezeichneten Ernährungsformen sollten aber nur in Absprache mit einschlägig erfahrenen MedizinerInnen durchgeführt werden, da gerade bei Kindern und Jugendlichen die Gefahr von Nährstoffmangel und daraus entstehenden körperlichen Schäden an anderer Stelle sehr groß ist.

Nochmals ein anderer, in den letzten Jahren zunehmend interessant gewordener Ansatz bezieht sich auf das sogenannte Darmmikrobiom, also auf die Zusammensetzung der Bakterien und anderen Kleinstlebewesen in unserem Darminhalt. Auch hier haben einige Untersuchungen bereits gezeigt, dass die Zunahme oder Abnahme einzelner Bakterienstämme (beim Menschen

zum Beispiel die Art Lactobacillos rhamnosos) zu einer Beeinflussung der ADHS-Problematik führten (Lange et al., 2023). Die Gabe von sogenannten Probiotika, die der Bakterienzusammensetzung des Mikrobioms helfen können, ist eine neue, allerdings bisher noch wenig tiefgehend erforschte Möglichkeit der Behandlung. Die Darmmikrobiom-Zusammensetzung bei Hunden ist sicherlich etwas anders als die beim Menschen, sodass hier auch mit anderen Bakterienstämmen und -arten gearbeitet werden müsste.

Aus Labortierstudien (Ijichi et al., 2013) ergibt sich übrigens noch ein anderer, sehr wichtiger Zusammenhang, der nicht die Entstehung von ADHS-Symptomen, sondern allgemein die Erwartungshaltung des Hundes betrifft: Sehr schmackhafte, hochwertige und gleichzeitig leicht verdauliche Belohnungshappen (beim Hund also beispielsweise Fleischwurststücke, Käsewürfel etc.) erhöhen sehr schnell die Erwartungshaltung des Hundes und beeinflussen auch den Dopaminhaushalt negativ. Der Anstieg des Dopamins, der durch diese Belohnungshappen sehr schnell erzielt wird, führt (wir erinnern uns an die vorausschauende Erwartungshaltung, die von Dopamin ausgelöst wird) eben zu einer suchtähnlichen Problematik. Diese kann dann unter anderem auch zum Entstehen von Stereotypien und anderen zwanghaften Handlungen im Vorfeld einer solchen Belohnungsgabe führen. Schon aus diesem Grunde sollten also gerade Hunde mit hoher Erwartungshaltung, beispielsweise unsere Workaholic-Rassen, nicht mit solchen schmackhaften und leicht verdaulichen Belohnungshappen trainiert oder beeinflusst werden.

Im Gegenteil, und das zeigt eine ganz neue Untersuchung von Rimini Quinn und Co-Autoren aus der Gruppe von Paul McGreevy in Melbourne (Quinn et al., 2025), ist eine regelmäßige, länger anhaltende Kautätigkeit viel besser geeignet, um gerade bei Hunden die Aktivierung des parasympathischen Nervensystems und damit eben auch des Zufriedenheitssystems im Stoffwechsel zu unterstützen. Auch die genannten veterinärpsychiatrischen Lehrbücher, etwa von Karen Overall oder Silvie Mason (Overall, 2013; Masson et al., 2024) betonen, wie wichtig die Aktivierung des parasympathischen Systems bei Hunden mit ADHS-artiger Problematik sei. Beide Hauptstressachsen werden durch die Kautätigkeit auf vielfältige Art und Weise zurückgefahren. Die daraus entstehende zufriedene Grundeinstellung kann gerade bei Hunden mit Workaholic-Problemen nicht hoch genug eingeschätzt werden. Fallberichte, gerade aus der Arbeits- und Diensthundeszene, bestätigen das. Sehr häufig betonen gerade ältere, erfahrene DiensthundeführerInnen, dass sie zum Beispiel bei ihrem dritten Hund diese Art der Belohnung mit Kauknochen, Futtertube, getrockneten Brotrinden o.ä. eingeführt haben und dadurch einen sehr viel ruhigeren, konzentrierteren und gleichzeitig auch arbeitsfähigeren Hund erhielten, als bei

Es gibt verschiedene Möglichkeiten, einen Hund mit Futter zu belohnen. Futtertuben, aus welchen der Hund seine Belohnung heraus schlecken kann, eigenen sich besonders gut dazu einen Hund, in der Belohnungssituation zu beruhigen. Foto: Stephan Klement

vorherigen Hunden, die sie noch auf den Ratschlag ihrer Ausbilder und älteren Kollegen mit Spielzeug, Bällchen werfen und ähnlichen hektischen Aktivitäten zu belohnen versuchten.

Eine vorläufige Schlussfolgerung aus den genannten, überwiegend bei Menschen und Labortieren, in einigen Fällen aber eben auch schon bei Hunden gewonnenen Erkenntnissen wären dann Folgende: eine ausgewogene Ernährung, insbesondere an den Bedarfszahlen des Hundes orientiert, mit einem möglichst hohen Anteil von tryptophanhaltigen Fleischsorten und eine gute Versorgung sowohl mit Kohlenhydraten als auch mit Mikronährstoffen (neben dem Magnesium werden auch noch Zink und Eisen bisweilen als beeinflussende Ionen genannt), kann den Hund in eine ausgeglichenere Grundstimmung versetzen.

Exkurs: Medikamentöse Therapie bei ADHS-ähnlichem Syndrom

Hannah Juliane Egner, Tierärztin

Hannah Egner studierte Tiermedizin an der Universität Leipzig. Seit 2022 arbeitet sie als Tierärztin in einer Gemischtpraxis mit Fokus auf Kleintieren und Wildtieren. Sie ist seit 2016 Mitglied der Mammalia AG und arbeitet dort in der Verhaltensberatung für Hunde.

Eine Verhaltenstherapie ist bei Hunden mit ADHS-ähnlichem Syndrom aufgrund der beeinträchtigten Konzentrationsfähigkeit und des reduzierten Lernvermögens ohne begleitende medikamentöse Behandlung oft nicht möglich (Piturru, 2014). Eine Behandlung mit Psychopharmaka sollte aber nie die alleinige Lösung darstellen und immer mit einer Anpassung der Haltungsbedingungen und einer Verhaltenstherapie einhergehen, um langfristige Verbesserungen zu erreichen.

Vor einer medikamentösen Therapie sollte eine ausführliche Diagnostik erfolgen und körperliche Erkrankungen sowie andere Ursachen für die gezeigten Verhaltenssymptome abgeklärt werden. Die Untersuchungen erlauben außerdem eine Aussage über den Gesundheitszustand des Hundes und ermöglichen es, die Risiken einer medikamentösen Therapie besser abschätzen zu können (z.B. bei Leber- und Nierenerkrankungen). Eine Allgemeinuntersuchung, eine neurologische Untersuchung sowie eine Blutuntersuchung sollten unbedingt erfolgen. Insbesondere sollte auch an hormonelle Erkrankungen (z.B. Schilddrüsenerkrankungen) gedacht werden. In der allgemeinen Untersuchung können bereits Anzeichen wie eine erhöhte Herz- und Atemfrequenz sowie eine erhöhte Körpertemperatur auffallen, die in Verbindung mit den Verhaltenssymptomen einen ersten Hinweis auf ADHS-ähnliches Verhalten geben können (González-Martínez et al., 2024).

Um die Diagnose eines ADHS-ähnlichen Syndroms stellen zu können, werden eine ausführliche Anamnese erhoben, die Verhaltenssymptome möglichst umfangreich abgefragt und direkte Verhaltensbeobachtungen durchgeführt. Leider gibt es in der Veterinärmedizin keine klaren Kriterien zur Diagnose von ADHS-ähnlichem Verhalten. Zudem kann ADHS mit weiteren Begleiterscheinungen wie beispielsweise Aggressionsproblemen oder Angststörungen einhergehen, die die Diagnostik erschweren (González-Martínez et al., 2024). Mittlerweile stehen aber verschiedene ADHS-Fragebögen zur Verfügung, die zur Abklärung der Diagnose hilfreich sein können. Unter Umständen kann zur Absicherung der Diagnose ein Test mit ZNS-Stimulanzien durchgeführt werden. Diese Stimulanzien, wie beispielsweise Methylphenidat, haben Auswirkungen auf die Freisetzung und Wiederaufnahme von Dopamin im synaptischen Spalt und führen zu einer Erhöhung des Dopaminspiegels. Bei Hunden, die an einem ADHS-ähnlichem Syndrom leiden, erwartet man bei der Verabreichung von ZNS-Stimulanzien eine paradox beruhigende Reaktion (Piturru, 2014; Luño et al., 2015; González-Martínez et al., 2024). Aufgrund wechselhafter Reaktionen kann es allerdings zu Interpretationsschwierigkeiten kommen, sodass dieser Test nicht alleinig beweisend für die Diagnose ADHS ist.

Foto: Stephan Klement

Ist die Diagnose gestellt worden, kann eine medikamentöse Therapie begonnen werden. Um das passende Medikament auszuwählen, sollten sowohl die Symptome des ADHS-ähnlichen Syndroms als auch die Symptome möglicher Begleiterkrankungen berücksichtigt werden.

Eine Option sind selektive Serotonin-Re-Uptake-Inhibitoren (SSRIs), insbesondere bei Vorhandensein von Aggressionsverhalten und Impulsivität. SSRIs hemmen die Aufnahme von Serotonin aus dem synaptischen Spalt und führen zu einer erhöhten Konzentration von Serotonin (siehe Neurotransmitterveränderungen). In mehreren Studien zeigt Fluoxetin eine gute Wirksamkeit bei ADHS-ähnlichem Verhalten (Masson und Gaultier, 2018; González-Martínez et al., 2024). Fluoxetin hemmt nicht nur die Wiederaufnahme von Serotonin, sondern unterdrückt bei höheren Konzentrationen auch 5HT2C-Rezeptoren und erhöht so die Freisetzung von Dopamin und Noradrenalin. Im Vergleich zu anderen Anwendungsgebieten werden bei der Behandlung von ADHS-ähnlichem Verhalten in Abhängigkeit von der Symptomstärke aber teils höhere Dosierungen von Fluoxetin benötigt (Masson und Gaultier, 2018). Besonders in den ersten zwei Wochen der Anwendung kann es zu Nebenwirkungen wie vermindertem Appetit, anderen Magen-Darm-Beschwerden und Lethargie kommen. Fluoxetin wird aber auch in höheren Dosierungen insgesamt gut vertragen (Masson & Gaultier, 2018). Aufgrund möglicher Wechselwirkungen sollte eine gleichzeitige Anwendung von anderen Stoffen mit serotonerger Wirkung (z.B. Johanniskraut, Tryptophan) nur mit Vorsicht erfolgen. Bei zusätzlich auftretenden, massiven Angstzuständen ist eine Kombination mit Benzodiazepinen möglich (González-Martínez et al., 2024).

Ein Einsatz der Psychostimulanz Methylphenidat wird in Fallberichten beschrieben (Piturru, 2014). Methylphenidat hat Auswirkungen auf die Freisetzung und Wiederaufnahme von Dopamin und Noradrenalin im synaptischen Spalt und führt zu einer Erhöhung des Dopaminspiegels. Es sollte allerdings nur nach einem erfolgreichen Test mit ZNS-Stimulanzien eingesetzt werden. Zu beachten ist außerdem, dass es sich bei Methyphenidat um ein Betäubungsmittel mit Suchtgefahr handelt und die Gefahr einer missbräuchlichen Anwendung besteht. Auch bei Methylphenidat können individuell höhere Dosierungen nötig sein, um eine Verbesserung der Symptome zu erreichen (Piturru, 2014).

Zur Anwendung anderer Psychopharmaka wie z.B. Selegilin zur Behandlung von ADHS-ähnlichem Verhalten bei Hunden gibt es derzeit keine Studien bzw. ist die Wirksamkeit nicht nachgewiesen. Trotzdem wird über die Verabreichung von Selegilin aufgrund der Auswirkungen auf Dopamin diskutiert (González-Martínez et al., 2024). Bei gleichzeitig auftretendem Aggressionsverhalten sollte Selegilin allerdings nicht angewendet werden.

Piturru berichtet in einem Fall von der unterstützenden Anwendung des Dog Appeasing Pheromone. Dieses ist als Halsband, Zerstäuber oder Spray erhältlich. Es kann parallel zusammen mit anderen Medikamenten eingesetzt werden, aber auch beim Absetzen der Medikamente genutzt werden, um das Verhalten des Hundes weiterhin positiv zu beeinflussen. Daneben kann die Therapie auch durch eine Ernährungsanpassung und Nahrungsergänzung (z.B. MCT-Öl) unterstützt werden (siehe Fütterung bei ADHS S. 134ff).

Die Dauer der medikamentösen Therapie ist abhängig vom Schweregrad der Verhaltenssymptome und dem Erfolg der Verhaltenstherapie. Ein Absetzen der Medikamente sollte aber immer das langfristige Ziel sein. Die Beendigung der Therapie erfolgt durch eine schrittweise Dosisreduktion. Die Medikamente sollten nicht abrupt abgesetzt werden, da durch die Gewöhnung des Körpers an die Medikamente Entzugserscheinungen auftreten können. Bei einigen Hunden kann allerdings eine längerfristige oder sogar lebenslange Therapie nötig sein (Masson und Gaultier, 2018). Mindestens einmal im Jahr ist in diesen Fällen eine Kontrolle der Blutwerte zu empfehlen, um Stoffwechselveränderungen und Organschäden frühzeitig zu erkennen und die Therapie gegebenenfalls anpassen zu können.

Fallbeispiel einer Weimaraner-Hündin

Eine Familie stellte ihre zehn Monate alte Weimaraner-Hündin in einer tiermedizinischen Praxis vor, da sie mit ihrem Verhalten zunehmend überfordert war (Piturru, 2014). Die junge Hündin schien niemals zur Ruhe zu kommen: Sie war ständig in Bewegung, reagierte auf kleinste Geräusche oder Veränderungen in ihrer Umgebung und zeigte dabei oft übertriebene Reaktionen, die in den jeweiligen Situationen nicht angemessen schienen.

Die Halter berichteten, dass es nahezu unmöglich sei, die Hündin zu fokussieren oder ihr Aufmerksamkeit länger als ein paar Sekunden zu entlocken. Auch gezieltes Training zeigte kaum Fortschritte, da die Hündin sich nicht auf die Übungen einlassen konnte. Der Alltag mit ihr war für die Familie zunehmend anstrengend geworden, und sie waren besorgt, ob ihr Verhalten auf ein gesundheitliches oder entwicklungsbedingtes Problem hindeutete.

Erste Untersuchungen zeigten keine körperlichen Auffälligkeiten, und auch weiterführende Bluttests ergaben keine Hinweise auf organische Ursachen für das Verhalten. Insbesondere war eine Untersuchung des Thyroxinspiegels ohne Auffälligkeiten.
Zunächst wurde versucht, durch Gabe von Fluoxetin, einem selektiven Serotonin-Wiederaufnahme-Hemmer (siehe Info Hannah Egner), eine Verbesserung zu erzielen, was aber keinen Erfolg brachte.

Foto: ©otsphoto/Shutterstock.com

Daraufhin wurde Methylphenidat verabreicht. Nach einer kurzen Besserung ergab sich mit Beginn der Läufigkeit erneut eine Verschlechterung. Diese wurde durch Erhöhung der Dosis und gleichzeitige Anwendung des Appeasin (= Beruhigungspheromons) als Halsband und Zerstäuber abgefangen.
Zugleich wurde mit Maßnahmen von Training und Verhaltensmanagement (Aufbau von Ritualen, kurze Belohnungsintervalle, kleinschrittige Trainingsabläufe) begonnen.

Nach einem Jahr konnte die Methylphenidatgabe eingestellt werden, einige Monate später auch die Pheromonanwendung.
Eine zwischenzeitlich erfolgte Kastration (s. Info Carina Kolkmeyer) brachte keine Veränderungen.

Nahrungsergänzung

Neben den im der Info von Hannah Egner ausführlicher besprochenen Medikamenten ist jedoch auch noch in einigen Fällen die Gabe von Nahrungsergänzungsstoffen geeignet. Die wichtigsten davon beziehen sich auf eine Zusatzversorgung mit Tryptophan, dessen Wirkung auf den Hirnstoffwechsel wir ja bereits kennengelernt haben. Neben tryptophanhaltigen Präparaten können bisweilen auch Präparate mit Casozepin eingesetzt werden. Casozepin bedient die eher erregungsdämpfenden GABA-Schaltstellen im Gehirn, was wiederum allgemein zu einer Dämpfung von Aufregung, Nervosität oder eben auch Angstproblemen führt.

Gerade das gleichzeitige Auftreten mit Angstproblemen, Panik oder anderen, ursprünglich von der ADHS-Entstehung unabhängig im Gehirn gesteuerten Verhaltensproblemen, wird übrigens häufig erwähnt. Dieses gerade im Zusammenhang mit der Auswahl geeigneter Medikamente oder auch der Auswahl geeigneter Nahrungsumstellung. Auch hierzu siehe Info Hannah Egner S. 134ff.

Es ist also nicht ganz einfach, bei einem Hund mit vermutetem oder wirklich nachgewiesenem ADHS-artigen Problem über Ernährung steuernd einzugreifen. Genau wie beim Menschen sind jedoch Ernährungsumstellungen und auch Veränderungen der Fütterungsart und des Futtermanagements eine flankierende Maßnahme, die zusammen mit Training und gegebenenfalls auch dem Einsatz von echten Medikamenten zu einem verbesserten Gesamtbild führen kann. Nochmals betont werden muss trotzdem, dass das echte ADHS-Problem beim Hund genau wie beim Menschen nicht heilbar ist, sondern nur durch Management der Lebensumstände verbessert werden kann.

Foto: Vet Lässig

KAPITEL 7

Lebensgeschichtliche Faktoren – Risiken und deren Vermeidung

Lebensgeschichtliche Faktoren – Risiken und deren Vermeidung

Um genau zu verstehen, warum es zu den in den vorigen Kapiteln besprochenen genetischen Risiken zur Entstehung einer ADHS-Symptomatik kommen kann, wie Haltung und Betreuung mit hineinspielen, müssen wir zunächst ein paar biologische Grundtatsachen aus dem Leben unserer Hunde rekapitulieren.

Zum einen müssen wir in diesem Zusammenhang zunächst die wirklichen Modelle für die Lebensweise unseres Hundes betrachten. Im Gegensatz zur weit verbreiteten Meinung sind dies nämlich nicht die Wölfe, sondern die Lebensweise der sogenannten Straßen- und Streunerhunde, die in vielen Ländern der Erde neben dem Menschen, aber nicht in einer direkten Haltersituation mit Zweibeinern leben. Wir dürfen nicht vergessen, dass unsere Haushunde noch vor 150 Jahren ein Leben führten, das dem in Italien, Indien oder anderen Ländern mit Streunerhundpopulationen entsprach.

Diese Hunde verbringen den größten Teil des Tages mit wohligem Nichtstun. Genauere Zusammenstellungen, etwa bei Kitchenham, 2020, Gansloßer und Kitchenham, 2019, oder Kirchhoff et al., 2023, zeigen, dass die Hunde ca. 60–70 % des Tages mit Nichtstun verbringen. Und selbst wenn sie aktiv sind, dann ist das eher ein langsames, entschleunigtes Herumschlendern und keineswegs eine längere im Trab oder gar im Galopp zurückgelegte Strecke.

Tagesaktivitätsverteilungen, die beispielsweise mit Hilfe von Peilsendern bei Straßenhunden bestimmt wurden, zeigen maximal 30 Minuten pro 24 Stunden wirklich intensive körperliche Aktivität. Und das auch nicht am Stück, sondern in kleinen Einheiten von ca. 4–5 Minuten Länge. Danach ist mit dem hektischen Toben oder Rennen dann auch schon wieder Schluss. Das hat Bedeutung, denn gerade die im letzten Kapitel besprochenen Botenstoffe, beispielsweise Noradrenalin, Dopamin oder die Endorphine, werden bei heftiger Bewegung verstärkt ins Blut abgegeben (Karrer und Hielscher, 2023). Auch der Cortisolspiegel wird durch ein heftiges, intensives Bewegungsprogramm verändert.

Der Blick auf die Streifgebietsgrößen, also die von den Hunden regelmäßig genutzten Gebiete, ist ernüchternd, wenn man das Wolfsmodell im Kopf hätte: Ein durchschnittliches Streifgebiet einer Gruppe von Straßen- oder Streunerhunden beträgt wie bereits erwähnt ca. 12–15 Quadratkilometer, die Tageslaufstrecke ist in der Regel weniger als 3 Kilometer lang. Und auch das eben wieder in mehreren kürzeren Einheiten. Die zeitliche Verteilung der anderen wichtigen

Funktionskreise (siehe Info S. 55) ist ebenfalls wichtig zur Beurteilung möglicher Überforderung: So nimmt der Funktionskreis Nahrung täglich ca. 1,5 Stunden pro 24 Stunden ein, der Funktionskreis Sozialverhalten dagegen mindestens 2,5 h, und dies getrennt von der Nahrungsaufnahme.

Alle diese Befunde lassen also Empfehlungen, den Hund über kilometerlange Strecken, möglichst sogar noch am Fahrrad oder beim Joggen zu bewegen, um die angeblich so langen Rennstrecken der Wolfsrudel bei der Nahrungssuche bzw. bei der Jagd zu simulieren, in einem ganz anderen Licht erscheinen.

Stattdessen ist eher ein entschleunigtes Bewegungsprogramm, das dem Hund genug Zeit zum Erkunden, Schnuppern, sich Wälzen, Löchergraben etc. lässt, wesentlich besser geeignet.

In diesem Zusammenhang müssen wir auch nochmals kurz einen Blick auf die neurobiologischen Vorgänge beim Lernen und Verankern von Inhalten des Gedächtnisses werfen. Die gleichen Vorgänge, die uns zum Beispiel das Lernen neuer Zusammenhänge oder eben auch das Erlernen von Wortkommandos oder anderen Signalen zwischen Mensch und Hund ermöglichen, spielen sich ebenfalls beim Erlernen von Bewegungsvorgängen ab. In der traditionellen Verhaltensforschung nennt man solche im Gedächtnis verankerten Inhalte Engramme. Dieser Begriff umschreibt, dass fast wie bei einer Gravur im technischen Bereich Spuren im Gedächtnis bzw. in dafür zuständigen Gehirnbereichen hinterlassen werden. Diese Engrammbildung, die insbesondere bei regelmäßiger oder gar rhythmischer Wiederholung des jeweiligen Erlebnisses stattfindet, ist sehr nachhaltig. Sie ermöglicht in der Zukunft auch das schnelle und problemlose Abrufen der gespeicherten Gedächtnisinhalte. An dieser Engrammbildung sind verschiedene Botenstoffe beteiligt. Wieder spielen das Noradrenalin und das Dopamin eine wichtige Rolle, zusätzlich auch der Botenstoff Glutamat, der vor allem bei wiederholter Erregung einer Nervenverbindung zusätzlich ausgeschüttet wird. Die Wirkungen sogenannter sekundärer Boten-

Foto: ©Dora Zett/Shutterstock.com

stoffe in der Fixierung von Gedächtnisinhalten setzen erst bei wiederholter Reizung der Verbindungen ein (siehe Gansloßer, 2020).

Hat der Hund nun beispielsweise durch ein längeres, gar gleichmäßig rhythmisches Bewegungsprogramm (sei es nun das wiederholte Verfolgen und Zurückbringen von Wurfgeschossen, sei es wieder das Ausführen am Fahrrad oder beim Joggen oder vergleichbare Aktivitäten) diese Engrammbildung verstärkt, so wird in Zukunft bereits bei kleiner und leichter Präsentation auslösender Reize das Programm wieder gestartet. Die Vermutung, man könne einen besonders bewegungsfreudigen oder ohnehin schon eher stark aktivierten Hund durch regelmäßiges und längeres Bewegungsprogramm müde machen und ihn dadurch auspowern, stößt also hier auf neurobiologische Gegebenheiten ganz anderer Art. Stattdessen sollte eben mit Ruhe, Entspannung und einem gewissen Ausmaß an Entschleunigung an diese Hunde herangegangen werden.

Eine dritte, ebenfalls aus dem Verhaltensprogramm der Hunde stammende Vorbeugungs- und Managementmaßnahme betrifft das soziale Verhalten. Regelmäßige, qualitativ hochwertige so-

Besonders Spielarten mit rigiden Bewegungsmustern, wie Hinterherrennen und Zurückbringen beim Ballspiel, können ADHS-ähnliches Verhalten fördern. Hat man einen richtigen »Balljunkie« als Hund, so müssen wir an dieser Stelle sogar von einer tatsächlichen Sucht sprechen.

ziale Kontakte sind, wie einschlägige Untersuchungen auch unserer eigenen Arbeitsgruppe zeigen, eine sehr wirkungsvolle Vorbeugemaßnahme. Nikolai Hoppe (Hoppe et al., 2017) konnte in einer Umfragestudie zeigen, dass Hunde, die in den ersten sechs Monaten nach dem Einzug in die neue Familie regelmäßig gestreichelt, geknuddelt, gebürstet oder anderweitig vom Menschen »bearbeitet« wurden, ein erheblich geringeres Risiko zu einer ADHS-Punktzahl, vor allem im Bereich der Hyperaktivitätsskala, aufweisen. Auch der amerikanische Neurobiologe Jaak Panksepp (zum Beispiel 2008) zeigt die segensreichen Auswirkungen regelmäßiger positiver Sozialkontakte, insbesondere von Berührungen und anderer Tastempfindungen, für die Prävention einer Hyperaktivitätsstörung. Dies betrifft nicht nur den Junghund, sondern bedingt offensichtlich auch schon Auswirkungen mütterlicher Pflege und Betreuung. Eine intensive, auf positive Sozialkontakte ausgerichtete Betreuung des Welpen in den ersten Lebenswochen seitens der Hundemutter, führt nämlich zu einer Verbesserung des Oxytocin- und zu einer Reduktion der Aktivität des Cortisolsystems (siehe Gansloßer und Krivy, 2015). Das wiederum verringert das Risiko einer Hyperaktivitätsstörung deutlich, wie beispielsweise die Studie von Nikolai Hoppe in unserem Team ergab (Hoppe et al., 2017, siehe auch die Übersicht bei Karrer und Hielscher, 2023).

Aber Vorsicht: Hier geht es nicht um Rennspiele oder gar das Wurfgeschossfangen (welches gar kein Spiel ist, s. Gansloßer & Käufer, 2022), sondern um körperbetontes Raufen, Balgen und Toben. Nicht nur Nikolai Hoppes Daten, auch Studien der Gruppe um Jaak Panksepp an Labortieren und menschlichen Jugendlichen, bestätigen das. Panksepp (2008) zeigt sogar die Hirnauswirkungen: Regelmäßige Raufspiele fördern die Konzentration von Nervenwachstumsfaktoren und das Dopaminsystem und damit späteres fokussiertes Verhalten mit Impulskontrolle. Ebenso bedeutsam, das zeigen die Untersuchungen von Nikolai Hoppe (Hoppe et al., 2017) und anderen (Karrer und Hielscher, 2023, für eine Zusammenfassung), ist das Ausmaß und die Nähe

nächtlicher Sozialkontakte. Hunde, die nachts allein bzw. eben getrennt von ihrer sozialen Gruppe schlafen (müssen), haben eine verringerte Schlafqualität, sie kommen vor allem nicht in den erholsamen Tiefschlaf (Mertes, 2023). Genau diese Zusammenhänge konnte Nikolai Hoppe belegen: In seiner Umfragestudie waren Hunde, die nachts bei ihren Menschen im Schlafzimmer verbringen durften, mit wesentlich geringeren Hyperaktivitätswerten ausgestattet. Weitere Zusammenhänge ergeben sich auch noch im Bereich des erlebten Aggressionsverhaltens. Auch hier können die Umfrage von Hoppe, aber auch Erfahrungsbefunde beispielsweise bei Hense (2010) hinzugezogen werden. Die erhöhte Anzahl erlebter Aggressions- oder Stresssituationen erhöht den motorischen Aktivitätswert und damit auch gleichzeitig die Hyperaktivität. Die Budapester Arbeitsgruppe rund um Anna Kis (Kis et al., 2017) zeigte, dass positive Erfahrungen vor dem Einschlafen (Streicheln, Spielen) die Schlafqualität des Hundes deutlich steigern, negative Erfahrungen, etwa allein gelassen zu werden, nicht begrüßt zu werden, bedrohliche Kontakte, den Schlaf deutlich verschlechterten. Auch hier sind dann wieder die Zusammenhänge mit der Gedächtnisbildung, aber eben auch mit der Verarbeitung von belastenden bzw. positiven Erlebnissen in der Tiefschlafphase von Bedeutung für unsere Fragestellung.

Hunde, die mit ihren Menschen vor dem Schlafengehen noch positive Erlebnisse hatten und dann im Schlafzimmer (ob unter dem Bett, neben dem Bett oder vor dem Bett, alles wahrscheinlich genauso gut wie im Bett selbst) die Nacht verbringen können, sind aufgrund ihres Tiefschlafs und ihrer dabei stattfindenden Erholungsphase offensichtlich in der Zukunft weniger nervös. Auch einzelne Fallberichte aus unserer Beratungspraxis bestätigen dies. Sobald ein Hund auf unseren Ratschlag hin die Nacht im Schlafzimmer verbringen darf, werden die Hyperaktivitätswerte deutlich geringer und der Hund wird von den Haltern als wesentlich entspannter und weniger nervös beschrieben.

Eine besondere Bedeutung, und hier können wir wieder auf die in Kapitel 4 beschriebenen Rasseunterschiede im Gehirnbau zurückgreifen, haben neurobiologische Zusammenhänge zwischen der Berührungsempfindlichkeit und der Erregbarkeit von Hunden. Manche Schaltkreise des Erregungssystems im Gehirn haben nämlich auch enge Beziehungen zur Berührungsempfindlichkeit. Diese Schaltkreise sind merkwürdigerweise auch verknüpft mit einem erhöhten Risiko beispielsweise für eine echte Trennungsstörung. Das Gesamtbild zeigt also einen Hund, der regelmäßig gestreichelt, gebürstet und anderweitig vom Menschen mit den Händen bearbeitet wird (in sanfter, positiver Weise selbstverständlich), der seine Nächte in der Nähe des Menschen verbringen darf (sofern er das möchte, manche Hunde schlafen auch lieber im kühlen Flur) und der vor dem Einschlafen von seinen Menschen noch mit positiven sozialen Interaktionen bedacht

wird. Dieser Hund kann aufgrund der Querverbindungen des Berührungssystems mit dem Erregungssystem offensichtlich besser entspannen und entschleunigen.

Von besonderer Bedeutung sind noch weitere Aufzuchterfahrungen, wie sie beispielsweise von Angela Gonzalez-Martinez und Co-Autor/inn/en (2023, 2024), Maike Foraita und ihren Co-Autorinnen von der australischen La Trobe Universität (2021, 2022) oder einem Übersichtsartikel von Lisa Diez und Co-Autorinnen aus Utrecht in den Niederlanden dargelegt wurden. Zu den sogenannten Exekutivfunktionen im Gehirn gehören letzten Endes auch die Begrenzung der Impulsivität, die Selbstbeherrschung, das Abwarten können, das vorausschauende Planen bei Umwegaufgaben und Ähnliches. Umwegaufgaben zur Testung des Handlungsaufschubs sind beispielsweise folgende: Der Hund lernt zunächst, dass in einer undurchsichtigen Röhre ein Leckerchen oder Spielzeug liegt, das er nur mit der Pfote von der Seite erreicht. Sobald er das kennt, wird stattdessen eine durchsichtige Röhre verwendet. Hunde mit wenig Selbstkontrolle versuchen dann trotz voriger Erfahrung doch mit der Schnauze direkt drauf zuzugehen, anstatt weiterhin von der Seite mit der Pfote. Diese Punkte werden, so zeigt die Zusammenstellung von

Gonzalez-Martinez wie auch von Foraita und Co-Autoren, durch positive Erfahrungen in der Aufzucht erheblich gestärkt. Wer also Selbstwirksamkeit erleben kann, komplexe, aber lösbare Aufgaben erfolgreich bewältigt und dafür dann auch noch soziales Lob und soziale Zuwendung bekommt, wer insgesamt die Erfahrung macht, dass Probleme nicht nur da sind, sondern auch gelöst werden können, sei es mit gut gemachten Denksportaufgaben, sei es in der Kommunikation mit seinem Menschen oder auch im Zusammenleben mit anderen Artgenossen, der bildet die genannten Exekutivfunktionen im Gehirn besser aus. Daraufhin können dann auch beispielsweise das Abwarten in Geduld erfordernden Situationen oder eben auch das vorausschauende Planen und Handeln in einer komplexen Umwegaufgabe besser bewältigt werden. Unzureichendes soziales Spielen, negative Erlebnisse in der Jugend, unzureichende Sozialkontakte, längeres bis sehr langes Alleinsein, das wird alles als Umweltfaktoren für die Entstehung einer ADHS-Störung in den genannten Übersichtsartikeln immer wieder genannt. Auch zu frühes Trennen oder zu frühe Entwöhnung, eine physische Überstimulation ohne ausreichende Ruhezeiten dazwischen und ein unzureichendes Maß an Erziehungsaktivitäten werden hier aufgeführt.

Auf diesem Bild sehen Sie die Hundetrainerin Lena Habich die Ruheübung mit ihrem Hund »Jack« ausführen. Foto: Stephan Klement

Nicht ganz eindeutig sind dagegen die Befunde bezüglich des vorangehenden Trainings in der Junghundzeit. Während Mareike Foraita eine Reihe von Studien zitiert, die vorangehende Trainingseinheiten mit einer reduzierten Aktivität und einer konzentrierten und fokussierten Gesamtsituation der Hunde auflisten, zeigt eine neue Untersuchung von Zachary Silver und Co-Autoren (2025), dass Training nicht automatisch die Selbstbeherrschung und damit eben auch das Risiko einer Hyperaktivität reduziert.

Ziemlich eindeutig sind die Befunde dagegen im Zusammenhang mit der Unterbringung der Hunde: Hunde, die in den ersten ein bis zwei Lebensjahren überwiegend im Zwinger oder im Hof und nicht mit vollständigem Familienanschluss gelebt haben, zeigen höhere Unaufmerksamkeitswerte und insgesamt schlechtere Exekutivfunktionen (Foraita et al., 2021). Ebenso haben Hunde, die als Welpen aus dem Tierheim stammen oder aus sogenannten Welpenfabriken, also gewerblichen Massenzuchtanlagen, schlechtere Exekutivfunktionen, geringere Selbstkontrolle und damit auch ein höheres Risiko einer späteren Hyperaktivitäts- oder auch Aufmerksamkeitsstörung.

Mareike Foraita legt in ihren Arbeiten auch dar, dass viele der Untersuchungen über die Auswirkung von Aufzuchtbedingungen oder anderen Lebensumständen nicht primär auf die Auswirkungen bezüglich Exekutivfunktionen, Selbstbeherrschung etc. getestet werden. Stattdessen zieht sie Schlussfolgerungen, wenn auch neurobiologisch und verhaltensbiologisch begründet, aus Studien über Zusammenhänge mit Sozialverhalten, Lernfähigkeit, Lösen von Umwegaufgaben usw. Spezielle Untersuchungen dazu werden erst in den letzten Jahren zunehmend begonnen und können sicherlich die genannten Fragen noch weiter aufklären.

Ein strukturiertes Ruhetraining, bei dem der Hund möglichst auch mit einem Entspannungssignal gezielt konditioniert wird, sollte aber in jedem Fall in einem Welpen- und auch in einem Junghundkurs in erheblichem Teil mit unterrichtet werden. Die Kompetenz ›Ruhe, Geduld und Abwarten‹ ist aber auch eine hilfreiche Voraussetzung für spätere Fertigkeiten, wie etwa ein Bleib-Kommando (Hinte-Breindl et al., 2023, liefern hierfür die praktischen Instruktionen).

Die Zusammenstellung von Angela Gonzalez-Martinez und Co-Autor/inn/en (2023) untersuchte auch die Auswirkungen verschiedener lebensgeschichtlicher Faktoren auf die Blutwerte von Serotonin und Dopamin bei Hunden mit ADHS-artigen Störungen. Dabei ergaben sich noch weitere bemerkenswerte Zusammenhänge: Hunde von Menschen, die bereits vorher Hunde gehabt hatten, hatten im Durchschnitt nämlich niedrigere Werte als Hunde von Ersthundehaltern. Das könnte mit der besseren Erfahrung der genannten Menschen zu tun haben, die möglicherweise

Spaziergänge und andere Aktivitäten in einer hundegerechteren Art und Weise gestalten. Als Alternative nennen die Autoren, dass Menschen mit mehr Hundeerfahrung möglicherweise schneller reagieren und schneller erkennen, falls irgendetwas mit dem Hund in die falsche Richtung läuft - und sich dann vielleicht sogar Hilfe holen.

In ganz anderer Art und Weise sind auch Ernährungsumstände bei Hunden mit der Hyperaktivität bzw. mit mangelnder Konzentrationsfähigkeit verknüpft. Untersuchungen einer amerikanischen Arbeitsgruppe (Miller et al., 2010; Miller und Bender, 2012) zeigen, dass der Frühstückseffekt bei einem Hund ähnlich verläuft wie bei uns: Wenn der Blutzuckerspiegel beispielsweise durch vorangehenden Verzehr von leicht verdaulichen Kohlenhydraten erhöht wird, kann auch das

Foto: ©Viktorya Telminova/Shutterstock.com

Ein erneuter Blick auf die Zusammensetzung des Hundefutters oder die Rücksprache mit qualifizierten Ernährungsberatern kann auch für das Training einen großen Mehrwert haben.

Gehirn mit mehr Energie versorgt werden und die Hunde arbeiten konzentrierter, sind weniger ablenkbar und auch weniger risikobereit.

Gerade in diesem Zusammenhang ist dann auch nochmals darauf hinzuweisen, wie unpassend das Wolfsmodell für die Haltung unserer Familienhunde ist. Eine zu stark mit Eiweißen angereicherte Ernährung verhindert nämlich, dass gerade der ausgleichende und entspannende Botenstoff Serotonin im Gehirn in ausreichendem Maße gebildet wird. Die Aminosäure Tryptophan, Ausgangspunkt für die Bildung des Serotonin, kann nämlich die Bluthirnschranke besser überwinden, wenn weniger Konkurrenz durch andere Aminosäuren dort vorliegt. Je mehr Eiweiß in der Ernährung, desto höher also der Unaufmerksamkeits- und Nervositätsgrad eines Hundes. Auch das ist nicht nur neurochemisch zu begründen, sondern deckt sich auch mit den Erfahrungen sehr vieler Hundehalter und Trainer.

Ein Gesamtproteingehalt von ca. 20–25 %, so sagen einschlägige Ernährungsratgeber (Zentek, 2016) reicht vollständig aus, wenn wir es nicht mit einem extremen Hochleistungssportler bzw. einer trächtigen oder säugenden Mutterhündin zu tun haben.

Eine reizangereicherte, aber nicht reizüberflutende Umwelt, ausreichend Zeit zum Entspannen und zum genießerischen Nichtstun, viel soziale Unterstützung und soziale Zuwendung seitens des Menschen, die Möglichkeit, selbst auf die Lösung von schwierigen, aber zu bewältigenden Aufgaben zu kommen, nachts im Schlafzimmer zu sein und eine gemischte Ernährung mit nicht zu viel Eiweiß und mit Kohlenhydratanteilen zu erhalten, das sind in der Haltung unserer Hunde gute Voraussetzungen, um es zu einer Hyperaktivitätsstörung gar nicht erst kommen zu lassen.

Die Vermeidung falscher Engrammbildungen, indem gerade aufregende, aktivierende Erfahrungen eben nicht so schnell und nicht so oft hintereinander wiederholt werden, sind weitere vorbeugende Maßnahmen, die gerade bei besonders gefährdeten Rassen oder Zuchtlinien (Kapitel 4) beachtet werden sollten. Aber auch hier gilt letztlich wieder: Jeder Hund ist anders! Die notwendigen Abwägungen zwischen Ruhe, Entspannung und Aktivierung muss letztlich jedes Mensch-Hund-Team für sich selbst finden. Wenn aber das Kind bzw. der Hund schon in den Brunnen gefallen ist, gilt wie für jede andere Suchtproblematik auch: Heilbar ist so etwas dann nicht mehr, man kann nur auslösende und einschlägig aktivierende Situationen vermeiden.

Foto: ©eva_blanco//Shutterstock.com

KAPITEL 8

Ein Ausblick in die Zukunft der Wissenschaft

Ein Ausblick in die Zukunft der Wissenschaft

Die Forschung zum ADHS-ähnlichen Syndrom bei Hunden steht noch in den Kinderschuhen. Einige Forschungsgruppen haben in diesem Bereich schon tolle und fortschrittliche Arbeit geleistet und ADHS beim Hund überhaupt erst greifbar gemacht. Die Arbeit von González-Martínez und Kollegen (2023) konnte zeigen, dass ADHS-ähnliches Verhalten mit verringerten Dopamin- und Serotonin-Spiegeln verbunden ist. Noch fehlen jedoch Grenzwerte, die uns zeigen, wann diese Spiegel zu niedrig sind. Blicken wir in die Zukunft, so könnte eine mögliche Diagnose mit Hilfe von Grenzwerten sicherer gestellt und auch die Behandlung dadurch besser auf den individuellen Hund angepasst werden.

Ein weiterer Schritt könnte sein, die Forschung des Genoms zu erweitern. Gene wie der Dopaminrezeptor (DRD4) und die Tyrosin Hydroxylase (TH) konnten beim Hund mit ADHS-ähnlichem Verhalten in Verbindung gebracht werden (Wan et al., 2013; Hejjas et al., 2007; Kubinyi et al., 2012). Dadurch wäre es möglich, von Geburt an festzustellen, ob ein Hund eine genetische Vorbelastung hat, um gezielt mit präventiven Maßnahmen in das Verhalten des Hundes eingreifen zu können. Mögliche zu untersuchende Gene wären dabei folgende:

Neben der neurobiologischen und genomspezifischen Forschung sollte ein weiterer Fokus auf die Entwicklung und Evaluation evidenzbasierter Therapie- und Trainingsmöglichkeiten gelegt werden. Je mehr Bewusstsein für das Thema geschaffen wird, desto eher könnten wir dadurch Überforderungen im Alltag für Hund und Halter reduzieren. Auch Abgaben an Tierheime haben oft ihren Ursprung in Problemverhaltensweisen, welchen durch eine bessere Aufklärung und gesicherte Methoden vorgebeugt werden könnte.

Erläuterungen zur Tabelle rechts: →

Mögliche Assoziation:
für Gene, bei denen der Zusammenhang vermutet wird, aber noch nicht eindeutig gesichert ist.

Gesicherte Assoziation:
für Gene, bei denen ein evidenzbasierter Zusammenhang zu ADHS gezeigt wurde.

Schon bei Hunden untersucht:
für Gene, die spezifisch in Studien an Hunden untersucht wurden.

Gen	Funktion	Auswirkung	Referenz
DAT1 (SLC6A3)	Dopamintransporter (Wiederaufnahme in die Zelle) - höhere Konzentration	- Kognitive Probleme - Hyperaktivität - Schwierigkeiten in der Impulskontrolle - familiärer Risikofaktor	Faraone et al., 2014
DRD4	Rezeptor für Dopamin und Noradrenalin - zeigt abgeschwächte Reaktion auf Dopamin - kurze Genvariante bei Hunden betroffen	- Unaufmerksamkeit - Schwierigkeiten in der Impulskontrolle - Hyperaktivität	Rowe et al., 2001 Leviatan et al., 2004 Hejjas et al., 2007
DRD5	Rezeptor für Dopamin	- Risikofaktor für ADHS	Maher et al., 2002 Lowe et al., 2004
DBH	Enzym welches Dopamin in Noradrenalin umwandelt - geringere Konzentration	- familiärer Risikofaktor	Scassellari et al., 2012
MAO-A	Enzym, welches die Konzentration von Dopamin, Noradrenalin und Serotonin reguliert - geringere Aktivität / geringere Konzentration	- Impulsivität - Aggressivität - kognitive und motorische Funktionen	Rommelse et al., 2008 Scassellari et al., 2012
NETI (SLC6A2)	Noradrenalintransporter (Wiederaufnahme in die Zelle)	- Unaufmerksamkeit - Externalisieren von Verhalten	Hohmann et al., 2015
MHPG	Zwischenprodukt von Noradrenalin - Geringere Konzentration	- unspezifische ADHS-Symptome	Scassellari et al., 2012 Faraone et al., 2014
NPY	Neuropeptid, welches häufig gemeinsam mit Katecholaminen (Dopamin, Noradrenalin, Serotonin) vorkommt - erhöhte Konzentration	- emotionale Verarbeitung	Oades et al., 1998 Faraone et al., 2014
TH	Enzym, welches die Vorstufe von Dopamin (L-Dopa) herstellt - kurzes Gen bei Hunden betroffen	- Assoziation mit Neurotizismus - Risikofaktor für ADHS-Symptome (Hyperaktivität, Unaufmerksamkeit, Impusivität)	Kubinyi et al., 2012 Wan et al., 2013

Foto: Stephan Klement

Auch über ADHS hinaus ist es wünschenswert, dass psychische Erkrankungen bei Hunden mehr Beachtung finden. So könnte entstandenes Leiden der Tiere früher erkannt und behandelt werden. Das kann Hunden zu einer gesteigerten Lebensqualität verhelfen und eine mögliche Chronifizierung vorbeugen. Dabei darf eine Diagnose jedoch niemals als Ausrede für Verhaltensprobleme dienen oder dazu führen, sich und den Hund ›klein zu reden‹. Vielmehr soll sie Möglichkeiten eröffnen und Chancen bieten, um gezielt zu helfen. Es ist Aufgabe und Verantwortung eines jeden Hundehalters und Trainers auf diese Themen aufmerksam zu machen und sie ernst zu nehmen.

Zögern Sie nicht, sich an Fachleute zu wenden, die Sie sowohl im Training als auch bei ggf. medikamentöser Therapie kompetent beraten können.

Sie sind mit solchen Herausforderungen nicht allein!

Die Autoren

Foto: Stephan Klement

Julia Reich
verbindet fundiertes psychologisches Fachwissen mit wissenschaftlich basiertem Hundetraining. Mit einem Bachelor in Psychologie und einem laufenden Masterstudium in Klinischer Psychologie und Psychotherapie an der JLU Gießen widmet sie sich der Schnittstelle zwischen Mensch und Hund. Mehr über die Autorin und ihre Hundeschule Pfotenreich unter:
www.hundeschule-pfotenreich.de

Foto: privat

Dr. Udo Gansloßer
ist Privatdozent für Zoologie an der Friedrich-Schiller-Universität Jena und betreut zahlreiche Forschungsprojekte über Haushunde und Wildhundartige. Dabei geht es vor allem um Fragen von Sozialbeziehungen und sozialen Mechanismen.

Mammalia AG
Hinter dem Namen Mammalia AG versteckt sich eine wissenschaftliche Arbeitsgemeinschaft, die sich im besonderen Maße für die Forschung und Praxis rund um das Wohlbefinden der beliebtesten Vierbeiner – Haushunde und Hauskatzen – einsetzt. Daneben gehören auch deren wilde Verwandten sowie die allgemeine Zootierforschung zu den zentralen Schwerpunkten der Arbeitsgruppe. Sie wurde von Herrn Dr. Udo Gansloßer gegründet und steht unter seiner Leitung.

Weitere interessante Bücher aus dem Hundebuch-Programm

Petra Krivy/Udo Gansloßer
Mein Hund hat Angst
Skepsis, Unsicherheit und Furcht verstehen
160 Seiten, 161 Bilder
ISBN 978-3-275-02309-7
€ 24,90 / € (A) 25,60

Dieses Buch vermittelt viel Hintergrundwissen zur starken Emotion »Angst«. Spannende Fallbeispiele und bemerkenswerte Erfahrungsberichte sensibilisieren den Hundehalter und befähigen ihn, seine individuelle Situation konstruktiv anzugehen.

Petra Krivy/Udo Gansloßer
Mein Hund hat Stress
128 Seiten, 80 Bilder
ISBN 978-3-275-02200-7
€ 14,95 / € (A) 15,40

Petra Krivy und Udo Gansloßer zeigen auf, was Stress bedeutet, was ihn auslösen kann und wie man die Schwelle zwischen Belastung und Stress erkennt. Fallbeispiele verdeutlichen die Informationen und geben Anregung zum Aufbau eigener Handlungsansätze.

Petra Krivy/Udo Gansloßer
Ein guter Start ins Hundeleben
Der verhaltensbiologische Ratgeber für Züchter und Welpenbesitzer
224 Seiten, 165 Bilder
ISBN 978-3-275-01995-3
€ 24,90 / € (A) 25,60

Dieser Ratgeber betrachtet die Zucht von Hunden sowie die Welpen- und Junghundeentwicklung aus verhaltensbiologischem wie züchterpraktischem Blickwinkel und berücksichtigt dabei die neuesten Erkenntnisse aus Forschung und Wissenschaft.

Udo Gansloßer/Sarah Mertes
Hundherum gesund
und glücklich
Sozialverhalten – Emotionen – Erziehung – Training
176 Seiten, 150 Bilder
ISBN 978-3-275-02276-2
€ 24,90 / € (A) 25,60

Die Autoren haben es sich zur Aufgabe gemacht, anhand von aktuellen Studien und praktischen Übungen, Hundebesitzern dabei zu helfen, ihren Hund noch besser kennenzulernen. Dabei klären sie Fragen zu Sozialverhalten, Ernährung, Erziehung und dem Gefühlsleben des Hundes.